高等学校信息技术类新方向新动能新形态系列规划教材

教育部高等学校计算机类专业教学指导委员会 –Arm 产学合作项目成果

Arm 中国教育计划官方指定教材

arm CHINA

ASIC 设计理论与实践
RTL 验证、综合与版图设计

刘雯 / 主编

路卫军 韩可 / 副主编

U0265108

人民邮电出版社

北京

图书在版编目（ＣＩＰ）数据

ASIC设计理论与实践：RTL验证、综合与版图设计 /
刘雯主编. -- 北京：人民邮电出版社，2019.4（2019.11重印）
高等学校信息技术类新方向新动能新形态系列规划教
材
ISBN 978-7-115-50767-9

Ⅰ．①A… Ⅱ．①刘… Ⅲ．①集成电路－电路设计－
高等学校－教材 Ⅳ．①TN402

中国版本图书馆CIP数据核字（2019）第022458号

内 容 提 要

  本书主要介绍了数字集成电路的设计理论与实践方法，通过一个完整的 CPU 电路 RTL 级验证、综合及版图设计，让读者系统、全面地了解 ASIC 设计流程。本书主要内容包括：ASIC 设计方法概述、设计流程及各阶段用到的设计仿真工具；Verilog HDL 基础语法及测试程序建模方法概述；ASIC 设计实验环境搭建；CPU 基本原理、相关指令系统及对应的功能实现；RTL 级设计及仿真、电路综合以及版图设计等各层次概念及物理意义等。

  本书内容翔实，图文并茂，由浅入深地介绍了数字集成电路的设计方法与流程，以 ASIC 理论、CPU 基本理论为支撑，结合 Verilog HDL 语法基础，用 "实验+验证" 的实例方式讲解 ASIC 设计各阶段流程，使读者能快速上手，并且为以后的 ASIC 设计打下坚实的基础。本书设计实例基于 Synopsys 公司的相关 EDA 工具。

  本书可作为高等院校电子科学与技术、电子信息科学与技术、计算机科学与技术、通信工程等专业的本科生或研究生教材，也可作为相关专业教师或设计工程师的学习参考资料。

◆ 主　　编　刘　雯
  副主编　路卫军　韩　可
  责任编辑　祝智敏
  责任印制　陈　犇

◆ 人民邮电出版社出版发行　　北京市丰台区成寿寺路 11 号
  邮编　100164　　电子邮件　315@ptpress.com.cn
  网址　http://www.ptpress.com.cn
  固安县铭成印刷有限公司印刷

◆ 开本：787×1092　1/16
  印张：10.5　　　　　　　　　　2019 年 4 月第 1 版
  字数：282 千字　　　　　　　　2019 年 11 月河北第 3 次印刷

定价：45.00 元

读者服务热线：(010)81055256　印装质量热线：(010)81055316
反盗版热线：(010)81055315
广告经营许可证：京东工商广登字 20170147 号

编委会

主　任：焦李成　桂小林

副主任：马殿富　陈　炜　张立科

委　员：（按照姓氏拼音排序）

安　晖	白忠建	毕　盛	毕晓君	陈　微
陈晓凌	陈彦辉	戴思俊	戴志涛	丁　飞
窦加林	方勇纯	方　元	高小鹏	郝兴伟
何兴高	廖　勇	刘宝林	刘儿兀	刘绍辉
刘　雯	刘志毅	马坚伟	孟　桥	莫宏伟
卿来云	沈　刚	涂　刚	王梦馨	王　鹏
王万森	王宜怀	王祝萍	吴　强	吴振宇
肖丙刚	肖　堃	徐立芳	阎　波	杨剑锋
杨茂林	袁超伟	岳亚伟	曾　斌	曾喻江
张登银	周剑扬	周立新	朱大勇	朱　健

秘书长：祝智敏

前　　言

　　1958 年由德州仪器公司基尔比带领的小组研制出第一块由 12 个器件组成的相移振荡和触发器，标志着集成电路的开端，到 2018 年，正好是集成电路发明 60 周年。王阳元院士在今年出版的由他主编的《集成电路产业全书》中指出：翻开 60 年来集成电路的发展史，实质上是一部创新的文明史。CPU、存储器等一个个发明和创新的应用，带来了社会的信息文明。

　　随着工艺的发展，半导体芯片的集成化程度越来越高，设计的系统越来越复杂，规模越来越大，性能需求越来越高，功耗也越来越大，给芯片设计工程师和 EDA 厂商带来了新的挑战。如今人工智能技术兴起，半导体芯片已成为其发展的重要核心。我国每年均要花费上千亿美元购买集成电路，所以培养集成电路设计人才，实现真正的中国"芯"，成为当前高校人才培养工作的重点。芯片的设计方法从早期的手工设计阶段、计算机辅助设计阶段、计算机辅助工程阶段、电子自动化设计阶段，发展到如今的系统芯片阶段，设计工具和设计方法日新月异，如何有效提高初学者的设计能力和实战能力，是当今数字集成电路教材面临的重要问题。

　　本书以数字集成电路设计流程为主线，结合编者多年教学与项目实践经验，在北京邮电大学电子工程学院课程"ASIC 专业实验"讲义的基础上编纂而成。本书以培养学生数字集成电路设计能力为目标，主要讲授了超深亚微米时代集成电路的设计方法与设计工具。本书主要内容包括数字集成电路设计流程，Verilog HDL 基本语法，如何运用 Verilog HDL 语言进行组合逻辑与时序逻辑的设计，数字集成电路的前端设计与验证方法、后端设计与验证方法，以及 Synopsys 公司的 EDA 工具的使用与操作等。

　　本书针对一个简单 CPU 的设计，对 CPU 进行 RTL 级仿真，对其中的控制模块进行综合，检查其功耗和最高工作效率，进行门级仿真，并保证在门级仿真结果正确之后，进行控制器的版图设计及验证。这样一个 CPU 设计，在实际工作中都是通过将其划分为相对独立的小模块进行的，然后对这些模块分别进行验证，最后再将设计正确的模块集成起来，完成一个完整 CPU 的设计。为了方便读者理解和设计，在 CPU 分模块设计阶段，本书对 Verilog HDL 中的关键语法知识进行了实践与运用。本书将设计分成八个步骤来完成，从简单计数器开始，到寄存器的设计，再到存储控制器设计，以及 CPU 状态控制器等，将依次用到组合逻辑与时序逻辑、阻塞赋值与非阻塞赋值、状态机的设计等。每个章节设计的小模块都将是最终 CPU 设计的一个组成部分，需要通过验证以保证最终 CPU 设计调用的正确性。

　　本书来源于实验课程自用教材，早在 2003 年学院开设此课程期间就开始编写，由最初的语言级仿真发展到如今涵盖综合及版图等内容的 ASIC 设计全流程，其间包含了太多教师及研究生的努力，实验最初的基于 Cadence 系列工具的实验版本由刘丽华和刘雯共同开发编写，后续的基于 Synopsys 系列工具的实验版本由刘雯、路卫军和韩可合作完成。

　　李晶、边新梅、朱棣、汤灿阳、苏敏、耿超等同学也参加了本书部分章节的编写或 Verilog HDL 模块的设计和验证工作，这里对他们表示衷心的感谢。在本书的编写过程中，参考了国内外有关数字集成电路和系统设计的教材与网络资源，在此一并向各位作者致以深深的谢意。

　　由于编者知识水平有限，本书难免存在疏漏、不妥之处，欢迎各位专家和读者予以批评指正。

编者

2018 年 11 月 8 日于北京邮电大学

目　　录

第 1 章

ASIC 概述

随着科学技术的发展，电子信息技术领域中的微电子技术越来越受到人们的重视，其中以集成电路（Integrated Circuit，IC）为重中之重，其日渐成为现代信息社会的基石。从 1906 年第一个电子管诞生到现在，集成电路已经在各行各业发挥了非常重要的作用。

集成电路是一种采用一定的工艺，把一个电路中所需的晶体管、二极管、电阻、电容和电感等元件及布线互连在一起，制作在一小块或几小块半导体晶片或介质基片上，然后封装在一个管壳内，成为具有所需电路功能结构的微型电子器件或部件。集成电路的特点表现为所有元件在结构上已组成一个整体，这显著提高了电子元件在微小型化、低功耗、低成本和高可靠性等方面的性能，并在此基础上不断优化。

集成电路从无到有，再到发展日趋成熟，经历了电子管、晶体管、集成电路、超大规模集成电路四个阶段。其发展中的标志性事件如表 1-1 所示。

表 1-1　集成电路发展标志性事件时间表

时间	标志性事件
1906 年	第一个电子管诞生
1912 年	电子管的制作日趋成熟，激发了无线电技术的发展
1918 年	逐步发现了半导体材料
1920 年	发现半导体材料所具有的光敏特性
1932 年	运用量子学说建立了能带理论来研究半导体现象
1947 年	发明了晶体管
1950 年	双极晶体管（Bipolar Junction Transistor）诞生
1956 年	硅晶体管问世
1960 年	世界上第一块硅集成电路制造成功
1966 年	美国贝尔实验室使用比较完善的硅外延平面工艺制造出第一块公认的大规模集成电路
1988 年	16MB DRAM 问世
1997 年	300MHz 奔腾 II 问世
2009 年	Intel 酷睿 i 系列推出，采用了领先的 32nm 工艺
2016 年	第四季度台积电成功量产 10nm 芯片制程
2017 年	第一季度开始台积电正式试产 7nm 芯片制造工艺

1965 年，戈登·摩尔提出了著名的摩尔定律：芯片的晶体管集成密度每年增长一倍，并且芯片的集成度每隔两年翻一倍，如图 1-1 所示。以处理器为例，表现为两个规律：①同等价位的微处理器速度变得越来越快，②同等速度的微处理器变得越来越便宜。

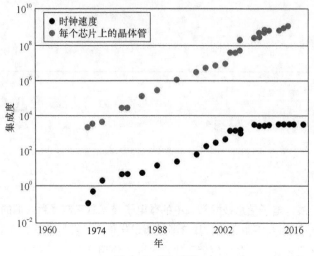

图 1-1　摩尔定律

集成电路的通用性和大批量生产，使电子产品的成本大幅度下降，推进了计算机通信和电子产品的普及，同时也产生了通用与专用的矛盾，以及系统设计与电路制作脱节的问题。而且集成电路规模越大，组建系统时就越难以针对特殊要求加以改变。为解决这些问题，出现了以用户参与设计为特征的专用集成电路（Application Specific Integrated Circuit，ASIC）。

随着集成电路方法学和微细加工技术的持续成熟，集成电路得到不断发展，集成电路的应用领域不断扩大，集成电路朝着微小型化、系统集成化和更加具有关联性的趋势发展。集成电路的发展趋势可以概括为以下几点。

（1）特征尺寸越来越小。

（2）芯片尺寸越来越大。

（3）单片上的晶体管数越来越多。

（4）时钟速度越来越快。

（5）电源电压越来越低。

（6）布线层数越来越多。

（7）输入/输出（I/O）引脚越来越多。

在集成电路应用方面，除众所周知的计算机、通信、网络、消费类产品，集成电路正在不断开拓新的领域。例如微机电系统、微光机电系统、生物芯片、超导等应用领域正在形成新的产业增长点。

▌ 1.1　ASIC 概念

在集成电路设计领域，ASIC 泛指针对某些特定应用需求、特定用户要求和特定电子系统的需要而开发、设计并制造的集成电路，如专门为通信、导航、电子玩具、家电、计算机接口、信息网络、电子对抗、系统控制、航空航天、汽车电子等应用需求开发的集成电路,其特点是面向特定用户的需求。与其对应的是通用集成电路,泛指非专用集成电路,可以完成一些基本的和通用的标准功能,如存储器、通用中小规模逻辑器件等。ASIC 在批量生产时与通用集成电路相比具有体积小、功耗低、可靠性高、性能高、保密性强、成本低、产品综合性能和竞争力好等优点。在信息技术高速发展的今天,ASIC 无处不在,几乎在任何一个电子设备内部都能看到其身影。

ASIC 有全定制和半定制两种设计方法。全定制设计需要设计者完成所有电路的设计,需要大量人力物力,灵活性好但开发效率低。半定制设计使用库里的标准逻辑单元(Standard Logic Cells, SLC),设计时可以从标准逻辑单元库中选择小规模集成电路 (Small Scale Integration, SSI) (如门电路)、中规模集成电路 (Medium Scale Integration, MSI) (如加法器、比较器等)、数据通路 (如运算器)、存储器、总线等)、存储器甚至系统级模块(如乘法器、微控制器等)和知识产权核(Intellectual Property Core, IPC),这些逻辑单元已经布局完毕,都已由厂家按照本身的工艺条件设计好,而且设计得较为可靠,设计者利用它们可以较方便地完成系统设计。现代 ASIC 常包含 32 位处理器、只读存储器 (Read-only Memory, ROM)、随机存取存储器 (Random Access Memory, RAM)、电可擦可编程只读存储器 (Electrically Erasable Programmable Read-only Memory, EEPROM) 的存储单元和其他模块。

1.2 ASIC 设计方法

集成电路设计是将系统、逻辑与性能的设计要求转化为具体物理版图的过程,也是一个产品从抽象到具体直至最终物理实现的过程。为了完成这一过程,逐渐形成了层次化和结构化的设计方法。层次化的设计方法能使复杂的系统简化,并能在不同的设计层次上及时发现错误并加以纠正;结构化的设计方法能把复杂抽象的系统划分成一些可操作的模块,允许多个设计者同时设计,而且某些子模块的资源可以共享。

随着集成电路的发展,ASIC 设计需要利用上述层次化、结构化的方法,将芯片系统逐层划分为若干个功能模块,以此类推直至划分到最底层、最基本的单元模块,分别完成相应的设计,并仿真验证其正确性。这种自顶向下 (Top to Down) 的设计方法目前在电子设计自动化 (Electronics Design Automation, EDA) 工具的支持下,已经成为 ASIC 的主流设计方法。

自顶向下的设计方法一般根据产品的功能要求先定义产品架构并考虑系统与模块、单元与单元之间的约束关系,在完成产品的方案设计和结构设计之后,再进行各个模块的详细设计。图 1-2 所示为自顶向下设计图对应各阶段细分任务和具体实现过程。设计图上的每个节点都对应着该层次上基本单元的行为描述,每个指向都对应着该基本单元的结构分解,如此划分下去,便可以将一个复杂的集成电路逐步划分为各个小的基本单元来实现,最终组成一个完整的集成电路设计。为了保证每个基本单元设计得准确无误,EDA 工具提供了有效的手段,可以很方便地查看某一层次某模块的源代码或电路图,以改正仿真时发现的错误。

自顶向下的设计方法具有以下优点。

(1)在设计周期开始时已做好系统分析。

(2)由于设计的主要仿真和调试过程是在高层次完成的,所以能够在早期发现结构设计上的错误,避免设计工作的浪费,同时减少了逻辑仿真的工作量。

(3)使得几千万门级甚至上亿门级规模的复杂数字电路的设计成为可能,并且可以减少设计人员，避免不必要的重复设计，提高了设计效率。

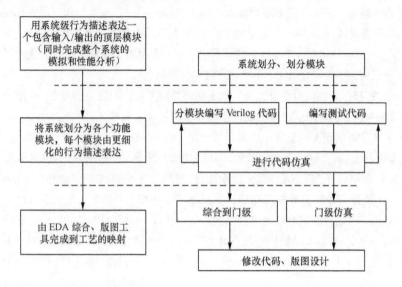

（a）自顶向下方法各阶段细分任务　　　　（b）自顶向下方法具体实现过程

图 1-2　自顶向下方法架构图

▎1.3　ASIC 设计流程

随着 ASIC 技术的复杂性不断提高，其工艺也在不断改进，所以需要成熟完备的 ASIC 设计流程，以保证在较短的时间内完成一个稳定的可重用的 ASIC 芯片的设计，并且一次性流片成功。

一个复杂的 ASIC 芯片的设计流程包括需求分析、算法设计、架构设计、寄存器转换级（Register Transfer Lever，RTL）电路设计与验证、逻辑综合、布局布线、物理验证等部分，可以粗分为前端设计（也称逻辑设计）和后端设计（也称物理设计）。首先根据系统需求进行架构设计，针对关键模块提出或选择合适的实现算法，然后交由 RTL 设计者进行代码编写，并进行功能验证，对代码做进一步的修改和优化。接着利用 EDA 工具进行综合，得到门级网表，进行时序分析，验证设计是否符合时序要求。当验证完毕之后，相应的网表就会送到物理设计人员手中，进行布局和布线设计，最终进行芯片的流片和测试。图 1-3 所示是芯片设计的典型流程，图中所有步骤均可采用 Synopsys 公司的 EDA 工具实现。

1.3.1　设计需求分析

在接到设计任务后，首先需要对设计进行芯片规格、电气性能及芯片功能分析。芯片规格是芯片设计的总体要求，包括芯片需要达到的具体功能和性能方面的要求；同时还要进行电气性能分析，包括芯片的工作环境、电学参数等；然后进行芯片的功能分析，制订功能列表及芯片规格书，对功能实现进行软件部分和硬件部分的划分。

完成以上性能分析，就可以进行硬件部分的设计。硬件部分的设计需要制订芯片的规格，主要包括芯片的总体结构、规格参数、模块划分、使用的接口等。在上述基础之上，得出设计解决方案和具体实现架构来划分模块功能。

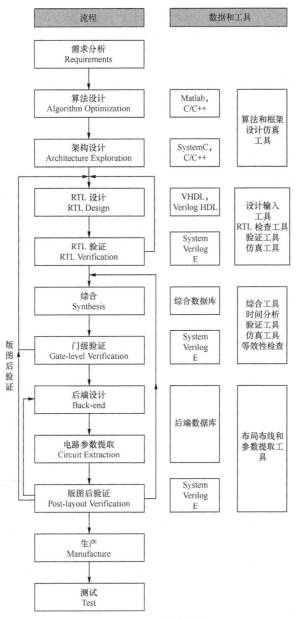

图 1-3 ASIC 设计流程

1.3.2 模块设计及验证

经过设计需求分析与规划之后，根据硬件设计所划分出的功能模块，进行模块设计或者复用已有的 IP 核，使模块功能以代码来描述实现，也就是将实际的硬件电路功能通过硬件描述语言（Verilog Hardware Description Language，Verilog HDL）描述出来，形成 RTL 代码。通常使用 Verilog HDL 描述电路的行为、各个逻辑单元的连接关系，以及输入/输出端口和逻辑单元之间的连接关系。

同时，还要进行逻辑设计的功能验证，也就是 RTL 级仿真，对象是利用 Verilog HDL 等硬件描述语言设计的模块代码，一般也称此仿真为前仿或功能验证。功能验证的主要作用是检验编码设计的正确性，其检验标准就是设计是否精确满足了规格书中的所有要求。规格书是设计正确与否的黄金标准，一切违反、不符合规格书要求的，均需要重新修改设计和编码。设计和仿真验证是反复迭代的过程，一直进行到验证结果显示完全符合规格标准为止。

1.3.3 逻辑综合及验证

当 HDL 的行为级仿真通过之后，下一步就是进行 ASIC 逻辑综合。所谓 ASIC 逻辑综合，是指在工艺库的基础上通过映射和优化过程，把设计的 RTL 级描述转换成与工艺密切相关的门级网表（netlist）。逻辑综合需要基于特定的综合库，在不同的库中，门电路标准单元的面积和时序参数是不一样的。所以，选用的综合库不一样，综合出来的电路在时序、面积上也是有差异的。

逻辑综合的流程可以概括为建立设计和综合环境，将 RTL 源代码输入到综合工具，例如本书使用的综合工具是综合器（Design Compiler, DC），给设计加上约束，然后对设计进行逻辑综合，得到满足设计要求的门级网表（一般以 ddc 的格式存放）。

在 EDA 工具内部，电路的逻辑综合分为三个步骤：转化（Translation）、映射（Mapping）、逻辑优化（Optimize）。

（1）转化：将 HDL 转化为由通用的、独立于工艺的元件库（General Technology- Independent Component Library, GTECH）组成的逻辑单元。

（2）映射：将通用元件库映射到目标单元库（Target Library, TL）上，此时电路相关网表包含工艺参数。映射的时候需要半导体厂商的工艺技术库才能得到每个逻辑单元的延迟。

（3）逻辑优化：按设定的延迟、面积、线负载模型等综合约束条件，对电路网表做进一步优化，使电路能满足设计在功能、时序和面积方面的要求。

逻辑综合完成后，可以获得电路门延迟和估算的互连线延迟，此时需要对包含延迟信息的门电路进行综合后仿真，一方面可以验证时序的正确性，另一方面可以保证电路在综合过程中未引入错误。

1.3.4 版图设计

版图设计是指将前端设计产生的门级网表，通过 EDA 设计工具进行布局布线和物理验证，最终产生供制造用的图形数据系统（Graphic Data System, GDSII）数据的过程。

在 Synopsys 布局布线（IC Complier, ICC）工具中，版图设计分为数据准备、布局规划、布局、时钟树综合、布线五个步骤。数据准备包括工艺技术库的读入、门电路和约束信息的读入、设计中的 0 和 1 的处理等工作；布局规划包括确定芯片面积、形状、问题分析图（Problem Analysis Diagram, PAD）的摆放顺序、宏单元的摆放位置、PAD 和 Core 的电源方案等；布局是在约束的条件下，确定逻辑门电路的摆放位置；时钟树综合是对电路中大驱动的时钟线路插入缓冲器，形成均衡的时钟网络的过程，从而达到降低时钟偏斜和增加驱动能力的目的；布线是根据各门电路的输入/输出和电源线的逻辑连接，在时序约束的驱动下，生成物理连接的过程。

在设计过程中，如果发现有个别路径有时序问题或者逻辑错误时，可采用工程变更指令（Engineering Change Order, ECO）对设计的部分进行小范围的修改和重新布线，ECO 只对版图的一小部分进行修改而不影响到芯片的其余部分的布局布线，其余部分的时序信息并没有改变。

1.3.5 参数提取与静态时序分析

版图设计完成后，可以提取版图上内部互连所产生的寄生电阻和电容值。这些信息通常会转换成标准延迟的格式后，再被反标回设计，用于静态时序分析和后仿真。有了设计的版图，使用参数提取的工具，如静态时序分析工具可以进行寄生电阻-电容（Resistance Capacitance，RC）参数的提取，然后输入到时序分析工具和仿真工具中进行时序验证和布线后功能的验证。

静态时序分析（Static Timing Analysis，STA）是一种穷尽分析方法，通过对提取的电路中所有路径的延迟信息的分析，计算出信号在时序路径上的延迟，找出违背时序约束的错误，如建立时间和保持时间是否满足要求等。在后端设计的很多步骤完成之后都要进行静态时序分析，如逻辑综合之后、布局优化之后、布线完成之后等。

布线后仿真也叫门级仿真、时序仿真、带反标的仿真，需要利用局部布线后获得的精确延迟参数及网表进行仿真，验证网表的功能和时序是否正确。

1.3.6　物理验证

物理验证主要包括版图的设计规则检查（Design Rule Checking，DRC）、逻辑图网表和版图网表比较（Layout Versus Schematic，LVS）及电气规则检查（Electrical Rules Checking，ERC）等。DRC 用来检查版图的几何图形是否符合工艺规则要求，使得芯片能在工艺线上生产出来，同时保证制造的优良率；LVS 用来比较设计得到的版图和逻辑网表，检查各器件大小和连接关系是否完全一致，即验证版图与原理图的电路结构是否一致；ERC 用来检查版图电路性能（如衬底是否正确接电源或地、有无栅极悬空等），以保证各器件的正常工作。

■ 1.4　集成电路设计工具

集成电路设计离不开 EDA 工具的支持，本节将针对常用集成电路设计工具做详细介绍，使读者对设计工具有所了解。

1.4.1　EDA 公司简介

目前，主要的 EDA 公司有 Synopsys、Cadence、Mentor Graphic 和华大九天等。

1. Synopsys 公司

Synopsys（新思科技）公司是为全球集成电路设计提供 EDA 工具的主导企业之一。其为全球电子市场提供技术先进的 IC 设计与验证平台，致力于复杂的芯片片上系统（System on Chip，SoC）的开发。Synopsys 公司的产品遍及整个设计流程，能让设计者从设计技术规格制订到芯片制作的全过程使用统一的最佳技术，它是提供前后端完整 IC 设计方案的领先 EDA 工具供应商。Synopsys 公司的优势领域在数字前端、数字后端和静态时序（Prime Time，PT）Sign-Off。

2. Cadence 公司

Cadence（铿腾）公司是全球最大的 EDA 产品、程序方案服务和设计服务供应商。Cadence 公司在 IC 行业供应的 EDA 软件，前端包含硬件描述语言的输入、仿真，原理图的输入、仿真，后端包含综合、自动布局布线及版图编辑、验证等模块，各个模块中又包含许多为不同的客户需求而设计的个性化 EDA 产品。公司产品涵盖系统顶层设计与仿真、信号处理、电路设计与仿真、印制电路板（Printed Circuit Board，PCB）设计与分析、现场可编程门阵列（Field Programmable Gate Array，FPGA）、

ASIC 设计以及深亚微米 IC 设计等领域。Cadence 公司的优势领域在模拟设计和数字后端。

3．Mentor Graphics 公司

Mentor Graphics（明导）公司是 EDA 产品的领导厂商，提供完整的软件和硬件设计解决方案，致力于让设计者在短时间内，以最低成本设计出具有完整功能的电子产品。Mentor 的优势领域在 Calibre Sign-Off 和可测性设计（Diagnostic Function Test，DFT）。

4．华大九天公司

华大九天公司致力于提供专业的 EDA 解决方案，包括模拟/全定制 IC 设计全流程解决方案、数字 SoC 设计优化解决方案、平板设计优化解决方案等。华大九天公司主要产品包括版图高效处理平台 Skipper、版图验证解决方案 Argus、寄生参数提取分析工具 RCExplorer 等。

1.4.2　设计流程各阶段所用工具

本书后续实验都是基于 Synopsys 公司的 ASIC 设计工具进行的，为方便设计者更加贴合实验工具进行实验，下面以 Synopsys 公司的工具为例介绍。

1．仿真工具

仿真工具（Verilog Compiled Simulator，VCS）是编译型 Verilog 模拟器，支持公众开放服务（Open Verilog International，OVI）标准的 Verilog HDL 语言、编程语言接口（Programming Language Interface，PLI）和标准延迟格式（Standard Delay Format，SDF）。VCS 具有目前行业中最高的模拟性能，其出色的内存管理能力足以支持千万门级的 ASIC 设计，而其模拟精度也完全能满足深亚微米 ASIC Sign-Off 的要求。VCS 结合了节拍式算法和事件驱动算法，具有高性能、大规模和高精度的特点，适用于从行为级、RTL 级到 Sign-Off 等各个阶段。VCS 已经将保护层厚测定仪（Cover Meter，CM）中所有的覆盖率测试功能集成，并提供 VeraLite、CycleC 等智能验证方法。VCS 支持混合语言仿真，同时集成了 Virsim 图形用户界面，提供对模拟结果的交互和后处理分析。

2．综合工具

DC 是 Synopsys 公司的逻辑合成工具，是近年来工业界标准的逻辑综合工具，也是 Synopsys 最核心的产品。它使 IC 设计者在最短的时间内以最佳的方式利用硅片完成设计。它可以根据设计描述和约束条件针对特定的工艺库自动综合出一个优化的门级电路。它可以接受多种输入格式，如硬件描述语言、原理图和网表等，并产生多种性能报告，在缩短设计时间的同时还能提高设计性能。

3．布局布线工具

ICC 是 Synopsys 公司的新一代布局布线系统（Astro 是前一代布局布线系统），通过将物理综合扩展到整个布局和布线过程，以及签核驱动的设计收敛，来保证卓越的质量并缩短设计时间。上一代解决方案由于布局、时钟树和布线独立运行，有其局限性。而 ICC 的扩展物理综合技术则突破了这一局限，将物理综合扩展到了整个布局和布线过程。ICC 采用基于 TCL 的统一架构。作为一套完整的布局布线设计系统，它包括了实现下一代设计所必需的功能，如物理综合、布局、布线、时序、信号完整性（Signal Integrity，SI）优化、低功耗、可测性设计和良率优化。

4．静态时序分析工具

PT 是针对复杂、百万门芯片进行全芯片、门级静态时序分析的工具。PT 可以集成于逻辑综合和物理综合的流程，让设计者分析并解决复杂的时序问题，提高时序收敛的速度。PT 是众多半导体厂商认可的、业界标准的静态时序分析工具，提供全芯片级的静态时序分析，同时整合了延迟计算和先进的建模功能，以实现有效而又精确的时序认可。PT SI 是全芯片门级信号完整性分析工具，建立在成功

流片验证过的 PT 平台之上，提供精确的串扰延迟分析，电压降落分析和静态时序分析。PT SI 业界领先的超快运行时间和处理容量让数百万门级的复杂设计可以一次流片成功。

5．一次性通过的测试综合

一次性通过的测试综合（DFT Compiler，DFTC）是 Synopsys 公司提供的先进的测试综合方案。DFT Compiler 将 DFT 实现放在 Synopsys 综合流程中，而不会妨碍原功能、时序、信号完整或功耗的要求。DFT Compiler 包括 RTL 级和门级 DFT 设计规则检查，以及自动设计规则违反的监视能力。DFT Compiler 也能提供完整的集成，包括从物理编译（Physical Compiler，PC）到物理优化实现。DFT Compiler 能使设计人员快速和精确地在设计周期的早期进行设计的可测性和任何测试故障的分析，能帮助设计人员实现可测性设计的目标，而不需要昂贵的反复设计。DFT 设计规则检查能使设计人员建立友好测试的 RTL 级，易于综合在一次性通过测试综合的环境里。在物理编译环境里测试的集成能预测时序的结果，并能达到物理优化扫描设计的目标。具体包括：①在综合流程中通过 DFT 缩短了整个设计周期；②在设计早期对 RTL 级可测性计算提高了设计效率；③除去了后端设计不可预测的毛病；④随着对实现的时序、功耗和信号完整性结果的预测大大降低了设计的反复和进度的风险。

6．Formality

Formality 是一种等效性检测工具，采用形式验证技术来判断一个设计的两个版本在功能上是否等效。等效性检测是一种静态分析方法，无需测试向量即可快速而全面地完成验证。Formality 具有流程化的图形界面和先进的调试功能，令设计者可以很快地检测出设计中的错误并将之隔离，这一功能可以大大缩短得到验证结果所需的时间。Formality 以其业界领先的功能和性能成为设计团队的首选产品。Formality 比较设计寄存器传输级对门级或门级对门级来保证它没有偏离原始的设计意图。在一个典型的流程中，用户使用形式验证比较寄存器传输级源码与综合后门级网表的功能等效性。这个验证可用于整个设计周期，通常在扫描链插入、时钟树综合、优化、人工网表编辑等之后，以便在流程的每一阶段都能在门级维持完整的功能等效，使得在整个设计周期中不再需要耗时的门级仿真。将 Formality 和 PT 这两种静态验证方法结合起来，一个工程师可以在一天内运行多次验证，而不是一天或一周只完成一次动态仿真验证。

7．物理验证工具

物理验证工具主要分为三类。

（1）LVS：版图与逻辑综合后的门级电路图的对比验证。

（2）DRC：设计规则检查，检查连线间距、连线宽度等是否满足工艺要求。

（3）ERC：电气规则检查，检查短路和开路等电气规则违例等。

归纳了 ASIC 设计各阶段需要使用的 EDA 工具及其相应的工具供应商。

表 1-2　ASIC 设计各阶段工具（按照用途分类）

工具	Synopsys	Cadence	Mentor
仿真工具	VCS	NC-Verilog、Verilog-XL	Modelsim
逻辑综合工具	DC	RTL Compiler	Leonardo
物理综合工具	Physical Compiler	PKS	
版图设计工具	ICC	Virtuoso Layout	
布局和布线工具	Astra	SoC Encounter	
形式验证工具	Formality	Conformal	

续表

工具	Synopsys	Cadence	Mentor
参数提取工具	Star-RC XT		
时序验证工具	Prime Time	Pearl	
物理验证工具	Hercules	Dracula	
可测性设计工具	DFT Compiler		

1.5　全书架构

本书的编写目的是让读者系统、全面地了解 ASIC 设计流程，全书结构与内容构成如下。

第 1 章主要介绍 ASIC 的概念、设计流程及设计方法。

第 2 章主要讲述 Verilog HDL 的基础语法及 ASIC 的实验环境。

第 3 章详细阐述中央处理器（Central Processing Unit，CPU）设计与实现所涉及的基本原理及方法。

第 4 章详细讲述 CPU 各个模块的语言级设计及仿真验证方法，并实现一个功能完整的 CPU。

第 5 章详细阐述逻辑综合的概念及流程，并在实验部分给出 CPU 控制器的逻辑综合过程。

第 6 章详细阐述版图设计方法，对第 5 章实验中 CPU 控制器的逻辑综合结果进行布局布线。

第 2 章

Verilog HDL 基础及实验环境

第 1 章主要讲述了 ASIC 设计流程、自顶向下的设计方法以及 ASIC 设计各阶段所需的实验工具。自顶向下的设计方法是将需要设计的电路划分为相对独立的模块进行设计，通过仿真验证这些模块的功能，再将经过验证的模块集成起来，最终实现完整电路的设计。电路前端需要采用硬件描述语言进行设计，本章以 Verilog HDL 为例，讲述硬件描述语言中的关键语法及编译设计工具用到的实验环境。

▌ 2.1 Verilog HDL 硬件描述语言

Verilog HDL 是一种用于数字逻辑电路设计的硬件描述语言，允许设计者进行各种级别的逻辑设计，能够进行数字系统的仿真验证、时序分析、逻辑综合。它是目前应用最广泛的一种硬件描述语言。

Verilog HDL 满足了数字系统设计和综合的所有要求，支持从门电路（甚至开关级电路）到系统级电路的层次化描述。这一特点使其能够很好地支持各种时序要求，特别是重点强化了对于硬件电路并行工作的特点的支持。本书涉及的有关 Verilog 语法基础部分内容，都是以 IEEE_Verilog_ 2001 为参考标准的。

具体来说，对于本书涉及的硬件模块，在 Verilog HDL 中都是以 module…endmodule 结构来描述的。在每个模块中，都要求对模块的输入/输出接口、寄存器和模块内部总线做详细描述。在一个模块中，用来描述硬件电路的可以是元件的实例化、并行赋值或者块语句等。目前许多 Verilog HDL 开发工具都提供仿真、形式验证和综合功能。仿真环境提供了图形化的前端程序以及波形编辑和显示工具。综合工具实际上基于 Verilog HDL 中对应可综合特性的语法。

用 Verilog HDL 描述的电路设计就是该电路的 Verilog HDL 模型。Verilog HDL 既可以做行为描述，也可以做结构性描述。也就是说，既可以通过电路的功能描述，也可以通过元器件与它们之间的连接来建立所设计电路的 Verilog HDL 模型。一个复杂电路的完整 Verilog HDL 模型是由若干个 Verilog HDL 模块构成的，每一个模块又可以由若干个子模块构成。

Verilog HDL 模型可以是实际电路的不同级别的抽象。这些抽象的级别和它们对应的模型类型共有五种：系统级（system），算法级（algorithm），寄存器传输级（RTL），门级（gate），开关级

（switch）。

（1）系统级：用语言提供的高级结构能够实现待设计模块外部性能的模型。

（2）算法级：用语言描述的高级结构能够实现算法运行的模型。

（3）RTL 级：描述数据在寄存器之间的流动以及如何处理、控制这些数据流动的模型。RTL 级是比门级更高的抽象层次，用 RTL 级语言描述硬件电路一般比门级描述电路更简单、高效。RTL 级语言最重要的特性就是 RTL 级描述是可综合的描述。所谓综合，是指将 Verilog HDL、原理图等设计输入翻译成由与门、或门、非门等基本逻辑单元组成的门级连接，并根据设计目标和要求优化生成的逻辑连接，输出门级网表文件。

（4）门级：描述逻辑门以及逻辑门之间的连接模型，如使用 and（与门）和 nand（与非门）等来描述。门级是相对于开关级更高一级的设计抽象层次。

（5）开关级：描述器件中三极管和存储节点以及它们之间连接的模型。开关级电路可以使用 MOS、CMOS、双向开关等来设计。开关级处于最低的设计抽象层次。

Verilog HDL 作为一种结构化的语言，也适用于门级和开关级的模型设计。Verilog HDL 的构造性语句可以精确地建立信号的模型。这是因为在 Verilog HDL 中，提供了延迟和输出强度的原语来建立精确程度很高的信号模型。信号值可以有不同的强度，并通过设定宽范围的模糊值来降低不确定条件的影响。

总而言之，Verilog HDL 可以用于描述电子系统的各个层级，它支持硬件设计的开发、验证、集成和测试。

2.1.1　Verilog HDL 语法基础

Verilog HDL 是一种硬件描述语言，最主要的特点是时序性和并发性。时序性与硬件载体的赋值相关，而并发性指不同硬件模块同时操作。基于这些特性，Verilog HDL 的数据类型和对数据的操作与软件中的相关概念不同，是全新的概念。本小节讲述了 Verilog HDL 的结构，这种结构使 Verilog HDL 成为一种高效的硬件设计和测试语言。

1．Verilog HDL 模块的概念

作为硬件描述语言，Verilog HDL 有许多语法规则与 C 语言类似，但其本身与 C 语言还是有很大区别的：第一，工作流程的并行性；第二，包含 initial 块和 always 块语句；第三，具有阻塞赋值"="与非阻塞赋值"<="两种赋值方法。

模块（block）是 Verilog HDL 中的基本描述单位，以 module…endmodule 的形式出现。逻辑功能描述和接口描述组成了模块的两部分，其中，逻辑功能又被定义为输入是如何影响输出的。对于一个设计，它的功能、结构以及与其他外部模块进行通信的端口都可以用模块来描述。

使用开关级原语、门级原语和用户定义的原语可以对设计的结构进行描述，使用连续赋值语句可以对设计的数据流行为进行描述，使用过程性结构可以对时序行为进行描述。当某个模块实例化后，另一个模块可以对它进行引用。

在本书中，所有的实验都是基于 Verilog HDL 来设计实现的，所有的设计仿真都是在模块内实现的。

在模块内部，可以定义设计所需的变量和参数。设计者可以通过编写语句实现设计想要达到的功能和结构。一般良好的设计编写风格，都会在模块中预先定义语句中需要的变量、线网和参数，然后在语句中使用这些变量、参数等。

例 2-1 很好地阐述了模块的概念，模块结构如图 2-1 所示。

【例 2-1】

```
module half_adder (a, b, sum, carry);
input a,b;
output sum,carry;
assign # 2 sum = a ^b;
assign # 5 carry = a&b;
endmodule
```

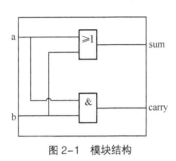

图 2-1　模块结构

module…endmodule 构成了模块结构。在模块中先定义了输入和输出，然后通过两个 assign 语句实现了与门和或门的功能，同时 assign 也体现了输入是如何影响输出的。

从上述例子可知，模块由模块端口定义、模块内容和模块内部语句功能定义三部分组成。

以"module half_adder (a, b, sum, carry);"语句为例，在关键字 module 之后，紧跟模块的名字"half_adder"，接着在"()"内部是模块的输入输出端口声明，最后在结尾要加上";"。概括来说，模块名字和端口定义结构为：module 模块名字（输入端口名…，输出端口名…）；

在关键字 module 和 endmodule 之间，就是模块的内容。一个模块中最基本的内容包括输入、输出和功能语句。

输入/输出格式：

input 输入端口名 1，输入端口名 2，……；

output 输出端口名 1，输出端口名 2，……；

注 意　端口名之间用"，"隔开，最后一个端口名后面不加"，"，而是加";"表示一个语句结束。

在上例中，通过逻辑运算符实现了最简单的组合逻辑电路。模块内容包括模块内部功能语句定义。模块的基本特征可以概括为以下几点。

（1）Verilog HDL 程序是由模块构成的。每个模块的内容都是位于 module 和 endmodule 语句之间。每个模块用来实现特定的功能。

（2）模块之间可以进行层次嵌套。可以将大型的数字电路设计分割成不同的小模块来实现特定的功能。

（3）如果每个模块都是可以综合的，则可以通过综合工具把它们的功能描述全部转换成最基本的逻辑单元描述，最后使用一个顶层模块通过实例引用把这些模块连接起来，把它们整合成一个相对完整的逻辑系统。

（4）Verilog HDL 模块分为两种类型：一种是让模块最终能生成电路的结构，另一种是测试所设计电路的逻辑功能是否正确。

（5）每个模块都要进行端口定义，说明输入、输出端口，并对模块的功能进行描述。

（6）Verilog HDL 程序的书写格式比较自由，一行可以写几个语句，一个语句也可以分写在多行。

（7）除了 endmodule 语句之外，每个语句和数据定义的最后都必须有分号。

（8）可以用/*…*/和//…对 Verilog HDL 程序的任何部分作注释。一个好的、有使用价值的源程序都应当加上必要的注释，以增强程序的可读性和可维护性。

2．Verilog HDL 中的整数和常数

Verilog HDL 中的常数可以是整数或实数。在程序运行过程中，其值不能被改变的量称为常量。整数可以标明位数，也可以不标明位数。

整数表示方法：[位数]'[基数][数值]

其中，[位数]表明该数用二进制的几位来表示，[基数]可以是二（b）、八（o）、十（d）或十六（h）进制，[数值]可以是所选基数中任何合法的值，包括不定值 X 和高阻值 Z（均不区分大小写，Z 有时使用 ? 代替），如 64'hff01、8'b1101_0001、'h83a。实常数既可以用十进制表示，也可以用科学计数法表示，如 32e−4（表示 0.0032）、4.1E3（表示 4100）。

Verilog HDL 中有三种类型的常数。

Integer（整型），如：4'd12（四位十进制数）。

Real（实型），如：4.567654。

String（字符串型），如："INTEGER ERROR"。

3．字符串

在 Verilog HDL 中，字符串常常用于表示命令内需要显示的信息，是用""括起来的一行字符串，换行用"\n"字符，与 C 语言一致，还可以使用 C 语言中的其他格式控制符，如\t、\"、\\等，以及 C 语言中的各种数值形式控制符（有些不同），如%b（二进制）、%o（八进制）、%d（十进制）、%h（十六进制）、%t（时间类型）、%s（字符串类型）等。

4．标识符

标识符是用户为程序描述中的 Verilog HDL 对象所起的名字。标识符必须以英语字母（a～z、A～Z）开头，或者用下划线（_）开头。其中可以包含数字、$符号和下划线。标识符最长可以达到 1023 个字符。模块名、端口名和实例名都是标识符。Verilog HDL 是大小写敏感的，因此 sel 和 SEL 是两个不同的标识符。所有 Verilog HDL 关键词都是小写的。

特别标识符是以"\"符号开始，以空格符结束的标识符。它可以包含任何可打印的 ASCII 字符，但"\"符号和空格符并不算是标识符的一部分。特别标识符往往是由 RTL 级源代码或电路图类型的设计输入经过综合器自动综合生成的网表结构型 Verilog HDL 语句中的标识符。

5．系统任务和函数

Verilog HDL 提供了内建的系统任务和函数，即在 Verilog HDL 中已预先定义的任务和函数，以"$"符号开头。在 Verilog 2001 标准中有以下几种系统函数和任务：$bitstoreal、$rtoi、$display、$setup、$finish、$skew、$hold、$setuphold、$itor、$strobe、$period、$time、$printtimescale、$timeformat、$realtime、$width、$realtobits、$write、$ recovery。下面结合相关实验对要用到的几种常用任务和函数进行介绍。

（1）$time

在 Verilog HDL 中，$time 用来找到当前的仿真时间，利用这个时间，系统函数可以得到当前的仿真时刻。

$time 可以返回一个以 64 位整数来表示的当前的仿真时刻值，该时刻是以模块的仿真时间尺度为基准的。下面以例 2-2 说明。

【例 2-2】

```
`timescale 10ns/1ns
module test;
reg set;
parameter delay=1.6;
initial
      begin
            $monitor( $time,"set=",set);
            #delay set=0;
            #delay set=1;
      end
endmodule
```

输出结果为：

```
0   set=x
2   set=0
3   set=1
```

在上述例子中，test 模块定义了一个参数 delay，时间尺度是 10ns。当时刻在 1.6×10=16ns 时，输出 set=0。当时刻在 1.6×2×10=32ns 时，输出 set=1。运行程序，发现输出的值和预想的不太一样，原因如下。

① $time 显示时刻受时间尺度比例的影响。在例 2-2 中，时间尺度是 10ns，因为$time 输出的时刻总是时间尺度的倍数，因此将 16ns 和 32ns 输出为 1.6 和 3.2。

② $time 总是输出整数，在输出经过时间尺度比例变换的数字时，要先进行取整。在例 2-2 中，1.6 和 3.2 经取整后变为 2 和 3 输出。需要指出的是，时间的精确度并不影响数字的取整。

（2）$display，$write

$display（显示任务）将特定信息输出到标准输出设备，并且带有行结束字符；而$write（写入任务）输出特定信息时不带有行结束字符，基本格式如下：

```
$display(a1, a2, a3, …);
$write(a1, a2, a3, …);
```

其中，参数 a1 通常叫作"输出格式控制"，即其规定了后面的 a2，a3，…的格式；参数 a2，a3，…则通常称为"输出列表"，即根据 a1 的格式规定，输出用户想要显示的内容。$display 和 $write 的区别在于，当使用$display 进行显示时，其输出内容后自动换行，即$display（"%d"，10）和 $display（"%d\n"，10）显示的效果相同；$write 则不具有输出后自动换行的功能，当要在一行里输出多个信息的时候，就可以使用$write。在$display 和$write 中，输出格式控制即"a1"表示的是用双引号括起来的字符串，通常由两部分组成："%"和格式字符，作用是将输出的数据转换成指定的格式输出，比如$display（"%b+%b=%b"，a，b，sum）。$display 默认显示的格式是十进制的，同理$write 也默认为十进制。

几种常用的输出格式如表 2-1 所示。

表 2-1　输出格式

输出格式	含义
%h 或%H	以十六进制的形式输出
%d 或%D	以十进制的形式输出
%o 或%O	以八进制的形式输出
%b 或%B	以二进制的形式输出
%s 或%S	以字符串的形式输出
%c 或%C	以 ASCII 码字符的形式输出

使用系统任务时，可以加入一些代码，用于输出一些特定的字符或一些特殊的控制，这些以"\"引导的代码称为转义字符。常用的转义字符如表 2-2 所示。

表 2-2　转义字符

转义字符	含义
\n	使输出显示换行
\t	输出制表符 tab
\\	输出反斜杠字符\
\"	输出双引号字符"

（3）$monitor

$monitor（监视任务）用来持续监视指定信号值的变化，当指定的信号值发生了变化时，就会立即显示对应的输出语句。其基本格式如下所示：

```
$ monitor (p1, p2, ……, pn);
$ monitoron;
$ monitoroff;
```

系统任务$monitor 的作用是监控和在其监控范围内实时输出参数（包括表达式和变量值）。$monitor 的输出格式控制和输出列表与$display 的规则是一样的。$monitor 通过$monitoron 和$monitoroff 来表示$monitor 的打开和关闭。通过$monitoron 控制任务的启动，通过$monitoroff 控制任务的停止，好处在于程序员能够很容易控制任务何时发生、何时结束。当启动任务后，一旦整个输出列表中的某个参数发生变化，则整个$monitor 内监视的参数列表和表达式的值都将输出显示。当整个监视参数列表内有不止一个参数或者表达式的值发生变化时，则整个输出格式只显示一次全部监测量，包括该时刻的所有变化量和未变化量。即不会因为同一时刻存在多于一个变化量而出现显示多次输出格式的情况。在$monitor 中，能够嵌套使用$time。

如：

```
$monitor ($time,,"rxd=%b  txd=%b", rxd, txd);
```

注意　这里的",,"用来表示空格参数，在输出时显示为空格。在$display 中也可以这样使用。

不同于$display 的是，$monitor 还可用于 initial 块中，只要不调用$monitoroff，该任务就可以不间断地对所设定信号进行监视。

如例 2-3 所示是对一个 4 位加法计数器 counter 信号进行监控。

【例 2-3】

```
`timescale 1ns/1ns
module moni_test();
```

```
reg[3:0]counter;
reg clk;
reg rst;
initial
    begin
        rst=0;
        #10 rst=1;
        $monitor ($time,,"counter=%d",counter);
        $monitoron;
    End
Initial
    Begin
        clk=0;
        forever #5 clk=~clk;
    end
always@(negedge rst or posedge clk)
    if(~rst)
        counter <= 4'd0;
    else
        counter <= counter+1;
endmodule
```

在该例中，$monitor 用于 initial 块内，时钟周期为 10ns。每经过 10ns，计数器 counter 的值就会累加一次。当 counter 的值发生变化时，$monitor 监视的值也会每经过 10ns 实时根据 counter 的变化值显示一次，即将此时 counter 的值显示出来。

需要注意的是，当有多个$monitor 时，每个$monitoron 需要与$monitoroff 配套使用。因为任何时刻只能有一个$monitor 起作用，所以需要通过$monitoroff 将执行完监视任务的模块关闭，通过$monitoron 将其他需要监视的模块打开。

（4）$strobe

$strobe（探测任务）用于在指定时间内，当所有事件都已经被处理完毕后，在时间的末尾显示仿真数据。

其语法形式与$display 相同，这种任务的执行是在当前时间结束时才显示仿真数据。"当前时间结束时"指指定时间内的所有事件都已经被处理完毕的时刻。$strobe 更多地用来显示非阻塞方式赋值的变量值。$strobe 与$display 的不同之处在于：$display 是在遇到该语句时执行，而$strobe 则要推迟到当前时刻结束时才执行。下面通过例 2-4 来说明。

【例 2-4】

```
module test;
reg a,b;
initial
begin  //initial 语句块 1
    a = 0;
    $display("value a by display is:",a);  //显示 a 的值为 0
    $strobe("value a by strobe is:",a);  //显示 a 的值为 1
    a=1;
end
```

该例子很好地说明了$display 和$strobe 的区别。即当执行到$display 时，a 的值马上显示，此时，因为 a 还没有被赋值为 1，所以显示为 0。而当执行$strobe 时，因为该任务是在当前时刻结束才显示仿真数据的，所以执行到末尾时，由于此时 a 的值已经被赋值为 1，所以输出的结果是 a 的值为 1。通过该例子，很好地说明了$display 和$strobe 的区别，同时也很好地说明了$strobe 的用法。

（5）$stop

$stop 的作用是暂时挂起仿真器，进入 Verilog HDL 界面，在仿真环境下给出一个交互式的命令提示符，用户可以在此基础上执行交互式命令，也可以通过输入相应的命令使仿真器继续运行。即$stop 的作用相当于一个 pause（暂停）语句。该任务的格式如下：

```
$stop(n);
```

根据参数 n 的不同输出不同的信息。其中，参数 n 只能取 0、1、2 三个值，参数值越大，输出的信息越多。$stop 和后面提到的$finish 的用法相同，下面以$stop 为例进行说明。

```
initial #500 $stop;
```

该语句表明执行此 initial 语句直到当前仿真进程执行 500 个时间单位后，才执行$stop 任务，使得仿真器暂时被挂起。$finish 和$stop 的区别在于，$finish 是仿真器退出仿真环境，并将控制权返回给操作系统；而$stop 是仿真器被挂起，但仍可以发送交互命令给解释器。

（6）$finish

$finish 的作用是终止仿真器的运行，退出仿真器，返回操作系统。换句话说，也就是结束仿真过程。$finish 的格式如下：

```
$finish(n);
```

其中，n 表示任务$finish 的参数。下面给出对于不同的参数值 n，系统结束仿真时输出的特征信息：

0——不输出任何信息；

1——输出当前仿真结束时刻和模拟文件的位置；

2——和 1 一样，输出当前仿真结束时刻和模拟文件的位置，并在此基础上增加对仿真过程中所用机器内存占用情况及 CPU 时间的统计结果输出。

如果不带参数，$finish 的参数值默认为 0，格式为$finish;。

（7）特殊符号"#"

在 Verilog HDL 中，特殊符号"#"常用来表示延迟。在过程赋值语句中表示延迟，如下所示：

```
initial
begin
    #10 rst=1;
    #50 rst=0;
end
```

在门级实例引用时表示延迟，如下所示：

```
not #1 not1(nsel, sel);
and #2 and2(al, a, nsel);
```

（8）编译引导语句

Verilog HDL 和 C 语言一样，也提供了编译预处理的功能。"编译预处理"是 Verilog HDL 编译系统的一个组成部分。Verilog HDL 允许在程序中使用几种特殊的命令（它们不是一般的功能语句），Verilog HDL 编译系统通常先对这些特殊的命令进行"预处理"，然后将预处理的结果和源程序一起再进行通常的编译处理。

为了和一般的语句相区别，预处理命令以符号"`"开头（位于主键盘左上角，Esc 键的正下方），用于指导仿真编译器在编译时采取一些特殊处理。编译指令并非 Verilog HDL 的描述，因而编译指令末尾不需要加分号，也不受模块与文件的限制。在进行 Verilog HDL 编译时，已定义的编译指令一直有效，直到有其他的编译指令修改它或将该编译指令关闭。

常用的编译引导命令有`define、`include、`timescale、`uselib、`resetall 等。

（9）宏定义`define

使用宏定义`define 编译引导能提供简单的文本替换功能，即用一个指定的标识符来代表一个字符。其格式为：

`define 标识符（宏名）字符串（宏内容）

比如：

```
`define length 10
reg [`length-1:0] counter;
```

上述代码的作用就是，利用指定的标识符 length 来代替数字 10。当在程序中进行该宏定义之后，在编译预处理时，会把该宏定义命令之后的所有 length 都替换成 10。宏定义的好处在于，当想要将宏定义中的 10 改成其他值时，不用到后续程序代码中一个一个找出来替换，只要将宏定义中的 length 对应的 10 改成想要的值再对代码进行编译即可。这相当于用一个有含义的名字来代替没有含义的数字和符号。这种方法也同样适用于用一个有含义的名字来简单替换一个长的字符串，可以提高代码的可读性和可移植性。因此，"宏名"就是该宏定义的标识符。需要注意的一点是，宏定义必须在一行定义，不能采用多行定义。而宏定义替换指令和参数的区别在于，宏定义替换指令只局限于宏函数，而参数具有全局可见性。

以下是关于宏定义`define 的几点说明。

- 宏名可以用大写字母表示，也可以用小写字母表示。建议使用大写字母，与变量名相区别。
- `define 命令可以出现在模块定义里面，也可以出现在模块定义外面。宏名的有效范围为宏定义命令之后到源文件结束。通常，`define 命令写在模块定义的外面，作为程序的一部分，在此程序内有效。
- 在引用已定义的宏名时，必须在宏名的前面加上符号"`"，表示该名字是一个已经过宏定义的名字。
- 使用宏名代替一个字符串，可以减少程序中重复书写某些字符串的工作量，而且记住一个宏名要比记住一个无规律的字符串更容易，在读程序时也能立即知道它的含义。当需要改变某一个变量时，可以只改变`define 命令行，一改全改。比如在上述例子中，定义了一个 10 位的寄存器，作为后续计数器使用。当将 length 改为 16 时，就将其改成 16 位的计数器 counter。
- 宏定义是用宏名代替一个字符串，只做简单的替换，不做语法检查。预处理时照样代入，不管含义是否正确，只有在编译已被宏展开后的源程序时才会报错。
- 宏定义不是 Verilog HDL 语句，不必在行末加分号。如果加了分号，将会连分号一起进行替换。如例 2-5 所示。

【例 2-5】

```
module test;
reg a, b, c, d, e, dataout;
`define X a+b+c+d;
 assign dataout=`X + e;
……
endmodule
```

经过宏展开以后，该语句为：

```
assign dataout = a+b+c+d; +e;
```

显然出现语法错误。

● 在进行宏定义时，可以引用已定义的宏名，进行层层替换。如例 2-6 所示。

【例 2-6】

```
module add;
reg a, b, c;
wire out;
`define x a + b
`define y x-c
assign out =y;
endmodule
```

经过宏展开以后，该语句为：

```
assign out = a + b - c;
```

● 宏内容可以是空格，即宏内容被定义为空的。当引用这个宏名时，不会有内容被替换。

（10）"文件包含"处理`include

Verilog HDL 中的"文件包含"处理指令`include 类似于 C 语言中的编译指令#include ，指的是一个源文件可以包括另一个源文件的全部内容，即使用编译引导。"文件包含"指令在模块调用时是非常有用的，可以通过该指令包含诸如类型声明与函数之类的 Verilog HDL 代码，把语句中指定的源文件全部包含到当前文件中。

其一般形式为：

`include "文件名"

如`include "global.v"。合理地使用`include 可以使程序简洁、清晰、条理清楚、易于查错。如图 2-2 所示。

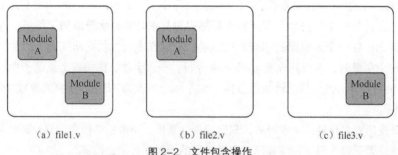

（a）file1.v   （b）file2.v   （c）file3.v

图 2-2 文件包含操作

图 2-2（b）为文件 file2.v，文件的内容以 Module A 表示。图 2-2（c）为另一个文件 file3.v，文件的内容以 Module B 表示。在编译预处理时，要对`include 命令进行"文件包含"预处理：将 file2.v 的全部内容复制插入到`include "file2.v"命令出现的地方，即 file2.v 被包含到 file1.v 中，得到图 2-2（a）所示的结果。在接下来进行的编译中，将把"包含"以后的 file1.v 作为一个源文件单位进行编译。

关于"文件包含"处理`include 做如下几点说明。

① 对于每个`include，只能用于一个文件的包含，当出现多个文件需要被包含时，应该通过多个文件包含语句分别注明。类似于`include"a.v""b.v"这种写法在 Verilog HDL 内是非法的。

② `include 命令可以出现在 Verilog HDL 源程序的任何地方，被包含文件名可以是相对路径名，也可以是绝对路径名。例如`include"parts/count. v"。

③ 可以将多个`include 命令写在一行。在 include 命令行中，只可以出现空格和注释行。例如下面的写法是合法的。

```
`include"fileB"`include"fileC"  //including fileB and fileC
```

④ 如果文件 1 包含文件 2，而文件 2 又要用到文件 3 的内容，则可以在文件 1 中用两个`include 命令分别包含文件 2 和文件 3，而且文件 3 应出现在文件 2 之前。

⑤ "文件包含"处理`include 允许嵌套使用。即一个被包含的文件内又可以有另一个包含的文件。

（11）时间尺度`timescale

`timescale 用于说明程序中的时间单位和仿真精度，如：

```
`timescale 1ns/100ps
```

使用`timescale 命令可以在同一个设计里包含采用了不同时间单位的模块。例如，一个设计中包含了两个模块，其中一个模块的时间延迟单位为 ns，另一个模块的时间延迟单位为 ps。EDA 工具仍然可以对这个设计进行仿真测试。`timescale 语句必须放在模块边界前面，尽可能地使精度与时间单位接近，满足设计的实际需要。

`timescale 命令的格式如下：

```
timescale<时间单位> /<时间精度>
```

其中，"时间单位"是用来定义模块中仿真时间和延迟时间的基准单位的，"时间精度"是用来声明模块的仿真时间的精确程度的，用来对延迟时间值进行取整操作（仿真前），因此又被称为取整精度。如果在同一个程序设计里存在多个`timescale 命令，则以最小的时间精度值来决定仿真的时间单位。另外，时间精度至少要和时间单位一样精确，时间精度值不能大于时间单位值。

在`timescale 命令中，用于说明时间单位和时间精度值的数字必须是整数，其有效数字为 1、10、100，单位为 s、ms、μs、ns、ps、fs。这几种单位的意义说明如表 2-3 所示。

表 2-3　常用时间单位

时间单位	定义
s	秒
ms	千分之一秒（10^{-3}s）
μs	百万分之一秒（10^{-6}s）
ns	十亿分之一秒（10^{-9}s）
ps	万亿分之一秒（10^{-12}s）
fs	千万亿分之一秒（10^{-15}s）

下面以例 2-7 说明`timescale 命令的用法。

【例 2-7】

```
`timescale 1ns/1ps:
```
在这个命令之后，模块中所有的时间值都表示为 1ns 的整数倍。这是因为`timescale 命令定义时间单位为 1ns。模块中的延迟时间可表示为带 3 位小数的实数，因为`timescale 命令定义时间精度为 1ps。比如：

```
#25 cnt <= cnt + 1'b1;
```

上述语句表示延迟 25ns 之后，cnt 的值加 1。即根据上述语句定义，25 后面的单位是 ns。

【例 2-8】

```
`timescale 10us/100ns;
```

例 2-8 中的`timescale 命令定义之后，模块中的时间值均为 10μs 的整数倍。因为`timescale 命令定义的时间单位是 10μs。延迟时间的最小分辨率 100ns 即为十分之一微秒，即延迟时间可表达为带 1 位小数的实数。

例 2-9 很好地解释了上面这个语句。

【例 2-9】

```
`timescale 10ns/1ns
module test;
reg set;
parameter d=1.55;
initial
begin
    #d set=0;
    #d set=1;
end
endmodule
```

在这个例子中，`timescale 命令定义了模块 test 的时间单位为 10ns、时间精度为 1ns。因此在模块 test 中，所有的时间值应为 10ns 的整数倍，且以 1ns 为时间精度。经过取整操作，存在参数 d 中的实际延迟时间是 16ns（即 1.6×10ns），这意味着在仿真时刻为 16ns 时，寄存器 set 被赋值为 0，在仿真时刻为 32ns 时，寄存器 set 被赋值为 1。

仿真时刻值是按照以下的步骤来计算的。

① 根据时间精度，参数 d 值从 1.55 取整为 1.6。

② 因为时间单位是 10ns，时间精度是 1ns，所以延迟时间#d 为时间单位的整数倍，即为 16ns。

③ 该模块进行仿真时，在仿真时刻为 16ns 的时候，给寄存器 set 赋值 0（即语句#d set=0;执行时刻），在仿真时刻为 32ns 的时候，给寄存器 set 赋值 1（即语句#d set=l;执行时刻）。

6. 四种逻辑值

Verilog HDL 包括四个基本的逻辑值。

0——表示逻辑 0，或一个错误的条件。

1——表示逻辑 1，或一个正确的条件。

X——表示一个未知的逻辑值。

Z——代表一个高阻抗状态。

其中，逻辑值 0 和 1 是彼此的逻辑互补。

当 Z 值存在于栅极的输入端或者在一个表达式中出现时，其效果通常与 X 值相同。值得注意的是，金属氧化物半导体（MOS）的原语可通过 Z 值来描述。

几乎所有的数据类型在 Verilog HDL 中都可以存储这四个基本的逻辑值。向量的所有位则可以独立设置为四个基本逻辑值之一。

第一种如图 2-3 所示，可表示 0、低、伪、逻辑低、地、V_{SS}、负插入。

第二种如图 2-4 所示，可表示 1、高、真、逻辑高、电源、V_{DD}、正插入。

图 2-3　低电平模型表示　　　　　　　　　　图 2-4　高电平模型表示

第三种如图 2-5 所示，可表示 X、不确定（逻辑冲突无法确定其逻辑值）。

第四种如图 2-6 所示，可表示 Z、高阻抗、三态、无驱动源。

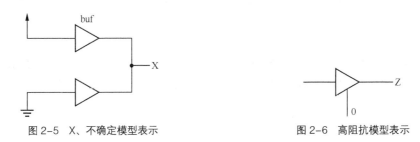

图 2-5　X、不确定模型表示　　　　　　　　图 2-6　高阻抗模型表示

7．Verilog HDL 中的主要数据类型

Verilog HDL 中有三种主要的数据类型。

（1）Nets：表示器件之间的物理连接，称为网络连接类型。由模块或门驱动的连线，驱动端信号的改变会立刻传递到输出的连线上。线网的值是由驱动元件的值决定的，例如连续赋值或门的输出。如果没有驱动元件连接到线网，线网的缺省值为 Z。

格式：

```
wire[n-1:0] x, y, z……
wire[n:1] x, y, z……
```

wire 为无逻辑连线，只做连线，所以输入什么就输出什么。常用来表示以 assign 关键字指定的组合逻辑信号。如果用 always 语句对 wire 变量赋值，综合器就会报错。Verilog 程序模块中的输入、输出信号类型默认自动定义为 wire 型。wire 型信号既可以用作输入，也可以用作 assign 语句或实例元件的输出。

wire 型信号的格式同 reg 型信号的格式很类似。

wire 是 wire 型数据的确认标识符。[n-1:0]和[n:1]代表该数据的位宽，即该数据有几位。最后跟着的是数据的名字。如果一次定义多个数据，数据名之间用逗号隔开。声明语句的最后要用分号表示语句结束，如例 2-10 所示。

【例 2-10】

```
wire a;   //定义了一个 1 位的 wire 型数据 a
wire [7:0] b, c;   //定义了两个 8 位的 wire 型数据 b、c
wire [4:1] d;   //定义了一个 4 位的 wire 型数据 d
```

（2）Register：表示抽象的存储单元，称为寄存器变量类型。Register 型变量能保持其值，直到被赋予新的值，常用于行为建模，产生测试的激励信号，常用行为语句结构来给寄存器类型的变量赋值。寄存器类型变量共有四种数据类型：reg、integer、real、time。本书以 reg 型为例进行讲解。

格式：

```
reg[n-1:0]  x, y, z……reg[n:1]  x, y, z……
```

reg 是 reg 型数据的确认标识符。[n–1:0]和[n:1]代表该数据的位宽。x、y、z 等是数据的名字。如果一次定义多个数据，数据名之间用逗号隔开，声明语句的最后要用分号表示语句结束。

在 Verilog HDL 中不能直接声明存储器，要通过寄存器数组声明，即用 reg 声明。reg 型数据常用来表示 always 模块内的指定信号，代表触发器。通常，在设计中要由 always 模块通过使用行为描述语句来表达逻辑关系。在 always 模块内被赋值的每一个信号都必须定义成 reg 型。

```
reg  flag;  //定义了一个 1 位的名为 flag 的 reg 型数据
reg[3:0]  c, d;  //定义了两个 4 位的名为 c、d 的 reg 型数据
```

（3）Parameter：表示运行时的常数，称为参数类型。常用参数来声明运行时的常数，可用字符串表示的任何地方都可以用定义的参数来代替。参数是局部的，其定义只在本模块内有效。

格式：

```
parameter   参数名 1=表达式，参数名 2=表达式，……，参数名 n=表达式；
```

parameter 是参数型数据的确认标识符，后跟一个用逗号分隔的赋值语句表。在每一个赋值语句的右边必须是一个常数表达式，也就是说，该表达式只能包含数字或之前已定义过的参数。如例 2-11 所示。

【例 2-11】

```
parameter  msb=7;  //定义参数 msb 为常量 7
parameter  a=25, b=29;  //定义两个常数参数
parameter  c=5.7;  //声明 c 为一个实型参数
parameter  length =8, msb =length -1;  //用常数表达式赋值
```

在选择数据类型时易犯如下几类错误：第一，在过程块中对变量赋值时，忘了把它定义为寄存器类型（reg）或已把它定义为连接类型（wire）；第二，把实例的输出连接出去时，把它定义为寄存器类型；第三，把模块的输入信号定义为寄存器类型。

2.1.2 Verilog HDL 模块设计

1. 组合逻辑电路设计

（1）组合逻辑电路的定义

根据逻辑功能的不同特点，数字电路可以分成两大类，一类叫组合逻辑电路（简称组合电路），另一类叫时序逻辑电路（简称时序电路）。组合逻辑电路在逻辑功能上的特点是任意时刻的输出仅取决于该时刻的输入，与电路原来的状态无关；而时序逻辑电路在逻辑功能上的特点是任意时刻的输出不仅取决于当时的输入信号，还取决于电路原来的状态，或者说，还与以前的输入有关。

（2）组合逻辑建模基本过程

① 建模的基本结构

```
module <模块名>（<端口列表>）
    模块端口说明
```

```
        [参数定义]
        数据类型说明
        过程块（initial 过程块或 always 过程块，可以有一个或多个）
        连续赋值语句
        [任务定义（task）]
        [函数定义（function）]
endmodule
```

针对上述语法格式进行如下说明。

- 方括号"[]"内为可选项。
- <端口列表>中可以有单个或多个输入、输出或双向端口，这些端口类型要在端口说明部分进行类型定义。
- 参数定义用关键词 parameter，如果模块定义了参数，那么该模块的每个实例（调用）都可以对参数进行重新定义，使得参数对每一个具体的模块实例都是唯一的。
- 数据类型说明用来对模块中用到的各种数据类型进行说明。如果某个数据没有进行类型说明，则它的默认数据类型为线网类型 wire。
- 过程块是以过程语句 initial 或 always 开头的语句块。根据这两个不同的关键词，过程块可以分为 initial 过程块和 always 过程块两种类型。每个过程块包含一条或多条行为语句。过程块可以有一个或多个，它们是行为建模的主要组成部分。
- 连续赋值语句是以关键词 assign 开头的一种赋值语句，只能对线网（net）型数据进行驱动。它和语句块一样，也是一种行为建模语句。
- 任务定义和函数定义都是可选项，引入它们的目的是描述模块中被多次执行的部分以及增强代码的可读性。

上述各个模块组成项可以以任意次序出现，但是模块端口说明和数据类型说明必须出现在这些端口和数据被引用之前。还有一点需要注意，在行为级建模方式中没有模块实例语句或基本元件实例语句，而只有过程块、连续赋值语句、任务和函数定义这几种结构成分。任务和函数的使用也要在过程块和连续赋值语句中调用。一个行为建模方式的模块中可以同时包含多个过程块和多个连续赋值语句，它们将以并行的方式各自独立执行。

② 过程块结构

Verilog HDL 中的每个过程块都由过程语句 always 或 initial 和语句块组成。而语句块主要由过程性赋值语句（包括过程赋值语句和过程连续赋值语句）和高级程序语句（包括条件分支语句和循环控制语句）这两种行为语句构成。具有如下特点。

- 在行为描述模块中出现的每一个过程块（always 过程块或 initial 过程块）都代表独立的进程。
- 在仿真时，所有 initial 过程块和 always 过程块都是从 0 时刻开始并行执行的。
- 每一个过程块内部的多条语句的执行方式可以是顺序执行的（当块定义语句为 begin–end 时），也可以是并行执行的（当块定义语句为 fork–join 时）。
- always 过程块和 initial 过程块都是不能嵌套使用的。
- 在组合逻辑建模中，一般使用 always 过程块。

③ always 过程块

always 过程块是由 always 过程块语句和语句块组成的，其语法格式如下：

```
always@ (敏感事件列表)
```

 语句块

其中语句块的格式为：

```
<块定义语句 1>: <块名>
<块内局部变量说明>
    时间控制 1 行为语句 1;
……
    时间控制 n 行为语句 n;
<块定义语句 2>
```

对过程块语法格式的几点说明。

- 过程语句关键词 always 表明该过程块是一个 always 过程块。
- @（敏感事件列表）是可选项，带有敏感事件列表的语句块称为"由事件控制的语句块"，它的执行要受到敏感事件的控制。敏感事件列表的格式为：

```
(event-expression or [event-expression])
```

- 敏感事件列表是由一个或多个事件表达式（event-expression）构成的，当存在多个表达式时要用 or 将它们连接起来。
- always 过程块中关于块定义语句的规定和 initial 是一样的。
- always 与 initial 不同，在仿真时虽然都是从 0 时刻开始，但是 always 会在仿真过程中不断重复执行，并且其内部语句的执行由敏感事件列表中的事件触发，如果敏感事件列表默认，则 always 过程块会无条件重复执行下去直至遇到 $finish 或 $stop，而 initial 结构仅在仿真开始的时候被激活一次，然后该结构中的所有语句被执行一次，执行结束后就不再执行。

（3）组合逻辑建模要点

重点掌握阻塞赋值（blocking）与非阻塞赋值（non-blocking）之间的区别。组合逻辑采用阻塞赋值，而时序逻辑一般采用非阻塞赋值。

① 阻塞赋值语句

阻塞赋值用符号"="表示。阻塞赋值表示在当前的赋值任务完成前阻塞其他的赋值任务，即在赋值时，先计算"="右边的值，此时赋值语句不允许任何别的赋值任务的干扰，直到现行的赋值完成后，才允许执行别的赋值语句。也就是说，在同一个块语句中，其后面的赋值语句是在前一个赋值语句结束后才开始赋值的。如例 2-12 所示。

【例 2-12】

```
initial
begin
    a=0;  //阻塞赋值语句 S1
    a=1;  //阻塞赋值语句 S2
end
```

initial 块中包含了两条阻塞赋值语句 S1 和 S2，假设 initial 块是在仿真时刻 0 得以执行的。由于 S1 和 S2 都是阻塞赋值语句，所以在执行 S1 时，S2 被"阻塞"而不能得到执行，只有在 S1 执行完毕，a 被赋值为 0 之后，S2 才开始执行。而 S2 的执行将使变量 a 重新被赋值为 1。

② 非阻塞赋值语句

非阻塞赋值用符号<=表示。非阻塞赋值表示在当前的赋值未完成前不阻塞其他的赋值任务，即在

赋值操作开始时计算 "<=" 右边的表达式，在赋值操作结束时更新 "<=" 左边的变量，并且在赋值过程中，允许其他赋值语句同时执行。也就是说，在同一个块语句中，后面的赋值语句是在前一个非阻塞赋值语句开始时同时开始赋值的，并且是在块语句结束时，同时更新左边的变量后一起结束。如例 2-13 所示。

【例 2-13】

```
initial
begin
    A<=1;  //非阻塞赋值语句 S3
    B<=1;  //非阻塞赋值语句 S4
end
```

initial 块中包含了两条非阻塞赋值语句 S3 和 S4，假设 initial 块是在仿真时刻 0 得以执行的。语句 S3 首先得到执行，但是对被赋值对象 A 的赋值操作要等到当前时间步结束时（initial 块结束时）才执行，同时因为 S3 是一条非阻塞赋值语句，所以 S3 不会阻塞 S4 的执行，于是 S4 也开始执行，但对被赋值变量 B 的赋值操作也要等到当前时间步结束时（initial 块结束时）才执行。所以，在当前时间步结束时（initial 块结束时）变量 A 和 B 同时被赋值为 1。

在组合逻辑设计中，一般采用阻塞赋值。

假设我们要设计一个 "两与门相或" 的组合逻辑电路。如果采用非阻塞赋值，如例 2-14 所示。

【例 2-14】

```
module and_or (out, a, b, c, d);
input a, b, c, d;
output out;
reg temp1, temp2;
always @(a or b or c or d)
    begin
        temp1<=a&b;
        temp2<=c&d;
        out<=temp1|temp2;
    end
endmodule
```

如果输入 a、b、c、d 的值发生变化，由 "0" 变为 "1"，采用上述阻塞赋值语句得到的结果是：temp1 变为 1，temp2 变为 1，out 为 1。

相对的，如果输入 a、b、c、d 的值发生变化，由 "0" 变为 "1"，采用上述非阻塞赋值语句得到的结果是：temp1 变为 1，temp2 变为 1，out 仍为 0。

这是因为阻塞赋值是一步完成的，而且前一条语句执行的同时会阻止其他阻塞赋值语句的执行，所以执行 "out<=temp1|temp2" 时，所用的 temp1、temp2 的值是更新过的值；非阻塞赋值则是两步完成的，而且前一条语句执行的同时不会阻止其他非阻塞赋值语句的执行，也就是说，当 a、b、c、d 发生变化时，"out<=temp1|temp2" 语句同时开始执行，而此时的 temp1、temp2 的值并没有得到更新，所以 out 的值仍是 0。

因此在组合逻辑的建模中，应该使用阻塞赋值语句来实现。

③ always 块建模

● always 块后面的语句块如果是只有一个类型的语句，可以不加 begin…end。如例 2-15 所示。

【例 2-15】

```
always@(posdege clk or negedge rstn)
    begin
            if(rstn)
                q=4'd0;
            else
                q=q+1;
    end
```

当包含多条语句时，always 块后面的语句块要加上 begin…end（相当于 C 语言中的大括号）。

● always 的敏感事件列表

用 always 实现组合逻辑要将所有输入信号列入敏感事件列表，结构为 always@（敏感事件列表），可以使用"or"或者"，"来隔开多个事件。以某一信号的名称作为敏感事件，表示对信号的电平值敏感，即信号只要发生了变化，就要执行 always 结构，所有的组合逻辑电路采用的都是这种控制方式。如例 2-16 所示。

【例 2-16】

```
always@(a or b)
    begin
        if(a>0)
            b <= b + 1;
        else
            b <= 0;
    end
```

用 always 实现时序逻辑不一定要将所有输入信号列入敏感事件列表。时序逻辑电路采用的敏感事件列表一般是边沿敏感的，信号的边沿用 posedge（上升沿）和 negedge（下降沿）来表示。如例 2-17 所示。

【例 2-17】

```
always@(posdege clk or negedge rstn)
    begin
        if(~rst_n)
            count <= 13'd0;
        else if(count == 10000)
            count <= 13'd0;
        else
            count <= count +1;
    end
```

注意 always@(*)的用法：

如果在设计中不愿列举过多的敏感信号，在综合工具和仿真工具的支持下，也可以使用 always@(*)，此时综合或仿真工具会自动把 always 块中出现的敏感信号加入敏感事件列表。

● 在 always 块内被赋值的信号

在 always 块内部的每一个信号都必须定义成寄存器（reg 型变量）。

注意　寄存器是指等号"="左边的变量，而不是右边的表达式，右边的表达式可以是任何类型。

- 在 always 块外被赋值的信号

必须指定为 wire 类型。如被 assign 语句赋值的信号，就必须被定义成 wire 型。

如果是端口信号，那么默认的类型就是 wire，不需要另外指定。

- 同一个 reg，多个 always

对一个寄存器型（reg）和整型（integer）变量给定位的赋值只允许在一个 always 块内进行，如果在另一个 always 块也对其赋值，将是非法的。当程序编译的时候会报错不通过。

2. 时序逻辑电路设计

时序电路的状态是一个状态变量的集合，这些状态变量在任意时刻的值都包含了为确定电路的未来行为而必须考虑的所有历史信息。

时序状态机的性能与组合逻辑不同，因为时序状态机的输出不仅仅取决于当前的输入值，而且取决于历史的输入值。时序状态机被广泛应用于需要指定操作顺序的应用中。所有的时序状态机都具有如图 2-7 所示的通用反馈结构，在这种结构中时序状态机的下一状态是由当前状态和当前输入一起形成的。

图 2-7　时序状态机

时序状态机可以按是否受一个公共的时钟控制（钟控）分为同步状态机和异步状态机，根据状态数目是否有限分为有限状态机和无限状态机。此处只讨论有限状态机。

（1）有限状态机的分类

有限状态机分为米利（Mealy）机和摩尔（Moore）机，分别如图 2-8 和图 2-9 所示。

① 米利（Mealy）机

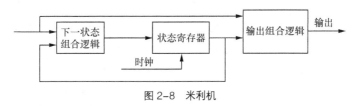

图 2-8　米利机

由图 2-8 可知，米利（Mealy）机的下一状态和输出都取决于当前状态和当前输入。

② 摩尔（Moore）机

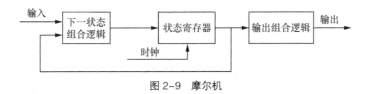

图 2-9　摩尔机

由图 2-9 可知，摩尔（Moore）机的下一状态取决于当前状态和当前输入，而输出仅仅取决于当前的状态。

（2）有限状态机常用的描述和开发方法

有限状态机可以借助时序图、状态表、状态转移图以及算法状态机（Algorithm State Machine，

ASM）图进行系统的描述与设计。

① 时序图用于说明系统中及系统与周围环境的接口中信号的有效输入与状态转移之间的关系。

② 状态表与状态转移表以表格的形式表示在当前状态和输入的各种组合下状态机的下一状态和输出。

③ 状态转移图（State Transition Diagram，STG）是一种有向图，图中带有标记的节点或顶点与时序状态机的状态一一对应。当系统处于弧线起点的状态时，用有向边或弧线表示在输入信号的作用下可能发生的状态转移。米利机状态转移图的顶点用状态进行标记，状态转移图的有向边有以下两种标记方法。

● 用能够导致状态向指定的下一状态转移的输入信号来标记。

● 在当前状态下，用输入信号的输出来标记。

摩尔机的状态转移图与米利机类似，但它的输出是由各状态的顶点来表示的，而不是在弧线上表示。

ASM 图是时序状态机功能的一种抽象，是模拟其行为特性的关键工具。它类似于软件流程图，但显示的是计算流程图（如寄存器操作）的时间顺序，以及在状态机输入影响下发生的时序步骤。ASM 图描述的是状态机的行为动作，而不是存储元件所存储的内容。有时候用机器工作期间的行为动作来描述状态机的状态，比起用状态机产生的数据进行描述更为方便、也更为重要。

算法状态机和数据通道（Algorithm State Machine and Data Channel，ASMD）图是 ASM 图的扩展。状态机的一个重要应用就是控制时序状态机数据通道上的寄存器操作，而该时序状态机已被分为控制器和数据通道两部分。控制器可以用 ASM 图来描述，修改 ASM 图的目的就是把它连接到状态机所控制的数据通道上。当控制器的状态沿着数据通道发生转移时，通过标注每个数据通道来指出那些在相关数据通道单元中发生的寄存器操作，以这种方式连接到数据通道的 ASM 图称为 ASMD 图。在把时序状态机数据通道的设计从控制器的设计中分离出来，并在两个单元之间保持清晰联系的情况下，ASMD 图有助于阐明这样的时序状态机设计方法。与状态转移并行发生的寄存器操作是在图的通道上标注的，而不是在通道的条件框或状态框中标注的，因为这些寄存器并不是控制器的一部分。由控制器产生的输出是那些控制数据通道寄存器的信号，以及引发 ASM 图上标注的寄存器操作的信号。

3. 基于状态转移图的设计

对于一个同步时序状态机的给定的状态转移图，设计的任务就是确定下一状态和输出逻辑。如果用一个二进制码来表示时序状态机的状态，那么其值可以存储在触发器中。在时钟的各个有效沿处，状态保持触发器的输入变成下一个时钟周期的状态。同步时序状态机的设计就是要根据机器的状态和外部输入来确定能形成触发器输入的逻辑，该逻辑为组合逻辑，并且应该是最简逻辑。对于有效的状态转移图而言，其每个顶点必须表示一个唯一的状态，每个弧线则表示在指定输入信号的作用下，从给定状态到下一状态的转移，并且从一个节点出发的各弧线必须对应一个唯一的输入。通常情况下，与从一个节点出发的一组弧线有关的布尔条件必须满足和为 1（即状态转移图必须考虑从一个节点出发的所有可能的状态转移），并且在给定状态下与输入变量判定有关的每个分支条件必须对应一条唯一的弧线（即时序状态机仅可以由一个节点经过一条弧线转移到下一状态）。根据时钟到来之前的状态值和当前的输入值，由同步时序状态机的状态转移图所表示的状态转移将在时钟信号的有效沿处发生。

基于状态转移图的有限状态机的系统设计方法通常包括以下几个步骤。

（1）构建状态机的 STG。

（2）消去等价状态。

（3）选取状态码（如二进制码）。

（4）编写状态表。

（5）通过 Verilog HDL 进行状态机的建模。

设计状态机的方法和技巧多种多样，总结起来有两大类：一类是将状态转移、状态的操作和判断等写到一个模块（process、block）中；另一类是将状态转移单独写成一个模块，将状态的操作和判断等写到另一个模块中（在 Verilog HDL 代码中，相当于使用两个 always 块）。其中较好的方式是后者，也就是三段式的写法。究其原因如下：首先状态机和其他设计一样，最好使用同步时序方式设计，好处不再赘述。而状态机实现后，状态转移是用寄存器实现的，即同步时序部分。状态转移的条件判断是通过组合逻辑判断实现的，之所以后者更合理，就在于其将同步时序和组合逻辑分别放到不同的程序块（process、block）中实现。这样做的好处不仅仅是便于阅读、理解、维护，更重要的是利于综合器优化代码、利于用户添加合适的时序约束条件、利于布局布线器实现设计。

采用三段式建模描述状态机的输出时，只需指定 case 敏感事件列表为次态寄存器，然后直接在每个次态的 case 分支中描述该状态的输出即可，不用考虑状态转移条件。

三段式描述方法的代码结构虽然复杂了一些，但是换来的优势是使状态机做到了同步寄存器输出，消除了组合逻辑输出的不稳定与毛刺等隐患，而且更利于时序路径分组。一般来说，在复杂可编程逻辑器件（Complex Programmable Logic Device，CPLD）、FPGA 等可编程逻辑器件的综合与布局布线使用上效果更佳，如例 2-18 所示。

【例 2-18】

```
//第一个进程，同步时序 always 模块，格式化描述次态寄存器迁移到现态寄存器
always @ (posedge clk or negedge rst_n)  //异步复位
    if(!rst_n)
        current_state <= IDLE;
    else
        current_state <= next_state;  //注意使用的是非阻塞赋值
//第二个进程，组合逻辑 always 模块，描述状态转移条件判断
always @ (posedge clk)  //电平触发
begin
    next_state = x;  //要初始化，使得系统复位后能进入正确的状态
    case(current_state)
        S1: if(...)
        next_state = S2;  //阻塞赋值
        ...
    endcase
end
//第三个进程，同步时序 always 模块，格式化描述次态寄存器输出
always @ (posedge clk or negedge rst_n)
...  //初始化
case(next_state)
    S1:
    out1 <= 1'b1;  //注意是非阻塞逻辑
    S2:
    out2 <= 1'b1;
    default:...  //default 的作用是免除综合工具综合出锁存器
endcase
end
```

三段式写法并不是一定要写为三个 always 块，如果状态机更复杂，就不止三段了。另外，在编写时序时，还应注意如下内容。

（1）在三段 always 模块中，第一个和第三个 always 模块是同步时序 always 模块，用非阻塞赋

值 "<="; 第二个 always 模块是组合逻辑 always 模块, 用阻塞赋值 "="。

（2）第二段为组合逻辑 always 模块, 为了抑制 warning 信息, 对于 always 的敏感事件列表建议采用 always@（*）的方式。

（3）第二段组合逻辑 always 模块里面的判断条件一定要包含所有情况, 可以用 else 来保证包含完全。

（4）仿真时应注意组合逻辑电平要维持超过一个 clock（时钟周期）。

（5）第二段 case 语句中的条件应该为当前态（current_state）, 第三段 case 语句中的条件应该为次态（next_state）。

（6）在编码原则的选择上, 二进制码和格雷码适用于触发器资源较少、组合电路资源丰富的情况（CPLD）; 对于 FPGA, 适用独热编码。这样不但能充分利用 FPGA 丰富的触发器资源, 而且因为只需比较一个 bit, 速度快, 组合电路简单。

（7）关于初始化状态和默认状态, 一个完备的状态机（健壮性强）自动将所有判断条件复位并进入初始化状态。需要说明的一点是, 大多数 FPGA 有全局复位/置位（Global Set/Reset, GSR）信号, 当 FPGA 加电后, GSR 信号拉高, 对所有的寄存器、RAM 等单元复位/置位, 这时配置于 FPGA 的逻辑并未生效, 不能保证正确进入初始化状态。所以使用 GSR 企图进入 FPGA 的初始化状态, 常常会产生种种不必要的麻烦。一般的方法是采用异步复位信号, 当然也可以使用同步复位, 但是要注意同步复位的逻辑设计。另一种方法是将默认的初始状态的编码设为全 0, 这样 GSR 复位后, 状态机会自动进入初始状态。状态机应该有一个默认（default）状态, 当转移条件不满足或者状态发生突变时, 要能保证逻辑不会陷入 "死循环"。这是对状态机健壮性的一个重要要求, 也就是常说的要具备 "自恢复" 功能。对应于编码就是要特别注意 case、if…else 语句, 必须书写完备的条件判断语句。在 Verilog HDL 中, 使用 case 语句的时候要用 default 建立默认状态, 使用 if...else 语句的注意事项相似。

（8）大多数综合器都支持 Verilog HDL 编码状态机的完备状态属性——full_case。这个属性用于将状态机综合成完备的状态, 如 Synplicity 的综合工具（Synplify、Synplify Pro、Amplify 等）支持的命令格式如下：

```
case (current_state)   //完备状态属性 full_case
2'b00 : next_state <= 2'b01;
2'b01 : next_state <= 2'b11;
2'b11 : next_state <= 2'b00;
//这两段代码等效
case (current_state)
2'b00 : next_state <= 2'b01;
2'b01 : next_state <= 2'b11;
2'b11 : next_state <= 2'b00;
default : next_state <= 2bx;
```

（9）Synplicity 还有一个关于状态机的综合属性 parallel_case, 其功能是检查所有的状态是否是 "并行的"（parallel）, 也就是说在同一时间只能够有一个状态成立。

（10）状态机可以使用 parameter 定义, 但是不推荐使用 `define 宏定义的方式, 因为 `define 宏定义在编译时会自动替换整个设计中定义的宏, 而 parameter 仅仅定义模块内部的参数, 这些参数不会与模块外的其他状态机混淆。

（11）对于状态比较多的状态机, 可以先将所有状态分为几个大状态, 再使用小状态, 从而减少状态译码的时间。

（12）在代码中添加综合器的综合约束属性或者在图形界面下设置综合约束属性可以比较方便地

改变状态的编码。

2.1.3　Verilog HDL 测试程序建模方法

Verilog HDL 不仅提供描述设计的能力，而且具备对激励、控制、存储响应和设计验证的建模能力。激励和控制可用初始化语句产生。验证运行过程中的响应可以保存下来并作为控制变量，以保证验证的自行判断与控制。最后，通过在初始化语句中写入相应的语句自动与期望的响应值进行比较来验证设计结果正确与否。

一段完整的测试程序可用于验证 HDL 代码的正确性，应包括以下几点。

（1）测试、验证 Design 的功能、时序正确性。

（2）待测试、验证的模块加载到模拟验证环境。

（3）产生模拟验证所需的输入激励。

（4）对输入激励码，构造出其对应的正确输出结果。

（5）提供一种机制，自动判断 Design 的正确性。

测试程序主要为待测试设计（Design Under Test, DUT）提供激励信号；正确实例化 DUT；将仿真数据显示在终端或者存为文件，也可以显示在波形窗口中供分析检查；复杂设计可以使用 EDA 工具或者通过用户接口自动比较仿真结果与理想值，实现结果的自动检查。

测试程序主要包括以下三个要素。

（1）测试平台（Test Bench）

在输入端口加入测试信号，从输出端口检测其输出结果是否正确。

（2）通常将需要测试的对象称为 DUT

（3）测试模块

● 要调用 DUT；

● 包含用于测试的激励信号源；

● 能够实施对输出信号的检测，并报告检测的结果。

1．测试程序的基本结构

```
module t;     //测试模块通常没有输入输出端口
信号或变量定义说明
使用 initial 或 always 语句产生激励波形
实例化被测模块
监控和比较输出响应
endmodule
```

2．测试代码的生成方式

（1）由其他硬件/软件模型产生待验证模块所需的输入激励码。

优点是能较全面模拟、验证 Design 在各种情形下的正确性；自动产生待验证模块的输入激励码；易于管理、验证速度快。但缺点也很明显，必须有相应模块的硬件/软件模型支持；必须有专门的验证环境支持；代价昂贵。使用领域主要包括模型验证、系统模拟以及设计投片前的确认。

（2）用 HDL 代码生成。

HDL 用于描述硬件电路，同时也可用于描述仿真激励的产生。HDL 描述可以产生所需的控制信号以及一些简单的数据。例如模拟 CPU 产生的读/写信号、数据/地址总线信号等。

（3）事先产生所需的输入激励码并存于相应的文件中，使用时从文件中读取。

Verilog HDL 提供了读入文本文件的系统函数$readmemb 和$readmemh，分别用于从文本文件中读入二进制和十六进制的数据，存放到 Verilog HDL 自定义的 memory 里，verilog 再从 memory 中取出数据按一定的顺序施加到被测模块。

```
$readmemb("File_Name", Test_Vector);
//从文件中读取二进制输入激励码向量
$readmemh("File_Name", Test_Vector);
```

//从文件中读取二进制输入激励码向量，在使用这个命令时，"File_Name" 中的路径要用反斜杠 "/"，而不是斜杠 "\"。如

```
$readmemh("F:/mydesigen/re_input.txt", re_input);
```

上面的语句是正确的，而用斜杠就有问题，如

```
$readmemh("F:\mydesigen\re_input.txt", re_input);
```

仿真器还提供了一个编程语言接口（Programming Language Interface，PLI），通过 PLI 可以将 C 程序嵌入到 HDL 代码中，用户用 C 语言编写扩展的系统任务和函数，以扩充 HDL 的功能。有了 PLI，C 和 HDL 就可以直接通信了。

3．测试激励设计方式

（1）一般信号的输入

① 用单独的 always 语句或 assign 赋值语句产生时钟信号。

② 用简单的 initial 语句块产生置位/复位信号的激励。

③ 在 initial 语句块中用循环语句块产生按一定规律变化的信号的激励码。

④ 用 task 过程产生特殊信号的输入激励。

⑤ 用三态 buffer 产生或监控双向信号的激励。

⑥ 输入向量的初始化以及时间段的赋值可通过 initial 过程块来完成，如例 2-19 所示。

【例 2-19】

```
initial
    begin
        Reset = 0;
        #100 Reset = 1;
        #80 Reset = 0;
        #30 Reset = 1;
    end
```

如果测试模块中没有控制仿真结束的语句，那么当对测试模块进行仿真实验时，程序就会陷入死循环。通过在 initial 过程块中加入带有延迟的系统任务$finish 或$stop，就可以轻松解决该问题，如例 2-20 所示。

【例 2-20】

```
initial
    begin
        #100 globalReset = 0;
        #100 in = 0;
        #100 in = 1;
        #300 in = 0;
        #400 $finish;
    end
```

　　用 initial 语句块中的顺序过程语句描述一般信号的输入变化情形，可采用绝对延时或相对延时的方式，优点是直接、简洁，易于理解，只需要列出输入信号的变化情形，即可用于各种输入信号（不包括时钟信号）激励的描述，应用面广，适合于 DUT 的初始功能验证。缺点是难以管理和进行过程化处理。为重复产生一个值序列，可以使用 always 语句替代 initial 语句，这是因为 initial 语句只执行一次，而 always 语句会重复执行，如例 2-21 所示。

【例 2-21】

```
parameter REPEAT_DELAY = 35;
integer CoinValue;
always
    begin
        CoinValue = 0;
        #7 CoinValue = 25;
        #2 CoinValue = 5;
        #8 CoinValue = 10;
        #6 CoinValue = 5;
        #REPEAT_DELAY;
    end
```

　　在 initial 语句块中用循环结构描述具有一定变化规律的输入激励信号。优点是描述简单、明了、代码紧凑、易于管理，如例 2-22 所示。

【例 2-22】

```
reg [7:0] A, B;
integer I;
……
initial
    begin
        ……
        for (I=0;I<1024; I=I+1)
        begin
        A = $random % 256;
        B = $random % 256;
        #Period;
    end
        ……
    end
```

　　另外，还可以用任务产生激励信号，如例 2-23 所示。

【例 2-23】

```
task cpu_read;
    begin
        #30  data_valid = 1;
        wait (data_read == 1);
        #20  cpu_data = data_in;
        wait (data_read == 0);
        #20  cpu_data = 8'hzz;
        #30  data_valid = 0;
    end
endtask
```

（2）时钟信号的输入

① 使用 initial 方式产生占空比为 50%的时钟，如例 2-24 所示。

【例 2-24】

```
initial
    begin
    clk = 0;
    # delay;
    Forever
    #(period/2)clk= ~ clk;
```

② 使用 always 方式，如例 2-25 所示。

【例 2-25】

```
initial
clk = 0;
always
#(period/2)clk= ~ clk;
```

一定要给时钟赋初值，因为信号的初始值为 Z，如果不赋初值，反相后还是 Z，时钟将一直处于高阻 Z 状态。

③ 使用 repeat 产生确定数目的时钟，如例 2-26 所示。

【例 2-26】

```
initial
    begin
        clk=0;
        repeat(10)
        #(period/2) clk=~clk;
    end
```

④ 产生占空比为非 50%的时钟，如例 2-27 所示。

【例 2-27】

```
parameter  Period = 10;
initial
clk=0;
always
    begin
        #(0.4*Period) clk = ~clk;
        #(0.6*Period) clk = ~clk;
    end
always
    fork
        #(0.4*Period) clk = ~clk;
        #Period clk = ~clk;
    join
```

⑤ 相移时钟，如例 2-28 所示。

【例 2-28】

```
//相移时钟
parameter Hi_TIME= 5, Lo_TIME =10, PHASE_SHIFT =2;
reg Absolute_clock;  //寄存器变量
wire Derived_clock;  //线网变量
always
    begin
        # Hi_TIME Absolute _clock=0;
```

```
            # Lo_TIME  Absolute _clock=1;
        end
assign # PHASE_SHIFT  Derived_clock =AbsoLute_clock;
```

这里首先使用 always 语句产生了一个 Absolute_clock 时钟，然后用 assign 语句将该时钟延时，产生了一个相移 PHASE_SHIFT =2 的 Derived_clock 时钟。

（3）复位信号的输入

① 异步复位，如例 2-29 所示。

【例 2-29】

```
initial
    begin
        reset=0;
        #delay1 reset=1;
        #delay2 reset=0;
    end
```

② 同步复位，如例 2-30 所示。

【例 2-30】

```
initial
    begin
        Reset=1;
        @(negedge clk)  //等待时钟下降沿
        Reset=0;
        #delay;
        @(negedge clk)  //等待时钟下降沿
        Reset=1;
    end
```

4．代码调试

逻辑模拟验证过程中，利用 HDL 语言提供的监控、显示等系统任务，可以查看模拟波形，测试 HDL 描述的正确性。Verilog HDL 语言中提供了如表 2-4 所示的系统任务供使用。

表 2-4　代码调试常用系统任务

$display	$fdisplay	$monitor	$time
$write	$strobe	$fopen	$fclose
$dump	$finish	$stop	

以上系统任务在验证仿真时经常被用到，大家可以通过在 TestBench 中加入$strobe 系统任务，来记录、探测所关心的信号波形；在逻辑模拟验证前，利用模拟器提供的功能，选择需要观察的信号并加以记录；在 TestBench 中增加模拟结果与预期的正确结果的比较，检测不正确的 HDL 代码。

在 initial 块中，可使用系统任务$time 和$monitor 来监测相关信号，并利用$time 得到当前的仿真时刻，实现在调试与仿真中对时序信息的精准定位。另外，只要变量列表中有某一个或某几个变量值发生变化，$monitor 便在仿真单位时间结束时显示其变量列表中所有变量的值。$monitor 系统任务支持不同的计数制，默认是十进制，其他支持的计数制还有二进制、八进制、十进制。如例 2-31 所示。

【例 2-31】

```
$monitor($time, o, in1, in2);
$monitor($time, , out, , a, , b, , sel);
$monitor($time, "%b %h %d %o", sig1, sig2, sig3, sig4);
```

注 意　不能有空格。

在编写测试程序时，还应注意以下几点。

（1）在进行具体的模块 HDL 编码前，应有一整套模块的模拟、验证、测试的计划。

（2）在 HDL 代码中，减少不必要的进程或将一些进程合并。

（3）进程的敏感事件列表中不能存在冗余的信号。

（4）在系统模拟验证中，采用比较模拟验证法代替波形观察法来提高效率。

（5）在进行模块/系统功能模拟时，采用零延时或路径延时的模拟验证方式。

2.1.4　Verilog HDL 的编写技巧

本节总结了关于 Verilog HDL 的代码编写技巧，遵循这些技巧，可以逐步养成良好的代码编写习惯。

1. 良好的代码编写风格

良好的代码编写风格可以缩减篇幅，提高整洁度，便于跟踪、分析、调试，增强可读性，帮助阅读者理解，便于整理文档和交流合作等。如变量及信号命名规范、编码格式规范等，都应特别注意。

（1）所有的信号名、变量名和端口名都用小写，这样做是为了和业界的习惯保持一致；常量名和用户定义的类型则用大写。

（2）使用有意义的信号名、端口名、函数名和参数名。例如模块端口名用 a2b_data、a2c_ctrl，而不是直接用 data1、ctrl1 等。

（3）信号名长度不要太长。对于超过 28 个字符的信号名，有些 EDA 工具不能够识别，太长的信号名也不容易记忆。因此，在描述清楚的前提下，尽可能采用较短的信号名。

（4）对于时钟信号，通常使用 clk 作为信号名。如果设计中存在多个时钟，则使用 clk 作为时钟信号的前缀，如 clk1、clk2、clk_interface 等。

（5）对来自同一驱动源的信号在不同的子模块中采用相同的名字，这要求在芯片总体设计时就定义好顶层子模块间连线的名字，端口和连接端口的信号也尽可能采用相同的名字。

（6）对于低电平有效的信号，应该以一个下划线跟一个小写字母 b 或 n 表示（如 a2b_req_n、a2b_req_b）。注意，在同一个设计中要使用同一个小写字母表示低电平有效。对于复位信号，使用 rst 作为信号名。如果复位信号是低电平有效，建议使用 rst_n。

（7）当描述多比特总线时，要使用一致的定义顺序。对于 Verilog HDL，建议采用 bus_signal[x:0] 的表示形式。

（8）尽量遵循业界已经习惯的一些约定。如*_r 表示寄存器输出，*_a 表示异步信号，*_pn 表示多周期路径第 n 个周期使用的信号，*_nxt 表示锁存器信号，*_z 表示三态信号等。

（9）在源文件、批处理文件的开始应该包含一个文件头。文件头一般包含如下内容：文件名，作者，模块的时间功能概述和关键特性描述，文件创建和修改的记录（包括修改时间、修改的内容）等。

（10）使用适当的注释来解释所有的 always 进程、函数、端口含义、信号含义、变量含义和信号组、变量组的意义等。注释应该放在它所注释的代码附近，要求简明扼要，足够说明设计意图即可，避免过于复杂。

（11）每一条语句独立成行，尽管 VHDL 和 Verilog 都允许一行书写多条语句，但是每条语句独立成行可以增加可读性和可维护性。同时保持每行小于或等于 72 个字符，都可以提高代码的可读性。

（12）建议采用缩进来提高续行和嵌套语句的可读性。缩进一般采用两个空格，如果空格太多，则在深层嵌套时要限制行长。同时避免使用 Tab 键，以防不同的机器 Tab 键设置不同限制了代码的可移植能力。

（13）在 RTL 源码的设计中，任何元素（包括端口、信号、变量、函数、任务、模块等）的命名都不能与 Verilog HDL 和 VHDL 语言的保留字相同。

（14）在进行模块的端口声明时，每行只声明一个端口，并建议采用以下顺序：输入信号的 clk、rst、enables other control signals、data signals。

（15）在实例化模块时，尽量采用名字相关的显示映射而不要采用位置相关的映射，这样可以提高代码的可读性，方便调试连线错误。

（16）如果同一段代码需要重复多次，尽可能使用函数实现。如果有可能，还可以将函数通用化，使得它可以复用。注意，内部函数的定义一般要添加注释，这样可以调高代码的可读性。

（17）尽可能使用循环语句和寄存器组来提高源代码的可读性，这样可以有效减少代码行数。

（18）对一些重要的 always 语句块定义一个有意义的标号，将有助于调试。注意标号名不要与信号名、变量名重复。

（19）在设计中不要直接使用数字，作为例外，可以使用 0 和 1。建议采用参数定义代替直接使用数字。同时，在定义常量时，如果一个常量依赖于另一个常量，建议在定义该常量时用表达式表示出这种关系。

（20）在设计中避免实例化具体的门级电路，门级电路可读性差，而且难于理解和维护，如果使用特定工艺的门电路，设计将变得不可移植。如果必须实例化门电路，建议采用独立于工艺库的门电路，如 Synopsys 公司提供的 GTECH 库包含了高质量的、常用的门级电路。

（21）避免冗长的逻辑和子表达式。如 z=a*c+a*d+b*c+b*d 应该改写为 z=(a+b) * (c+d)。

（22）避免采用内部三态电路，建议采用多路选择电路代替内部三态电路。

2．always 块编写指导原则

always 模块敏感事件列表不完备是综合前后仿真结果不一致的原因之一。对于组合逻辑，敏感变量必须包含逻辑门所有的输入变量。

3．避免锁存器的产生

在 always 块中，每一个 if 都对应一个 else，每一个 case 都对应一个 default。

4．if…else 语句与 case 语句

对于组合逻辑，采用 if…else 或 case 语句，其综合的结果将有所不同。如果电路不需要有优先级的设计，则应优先采用 case 语句。因为在一般情况下，case 语句实现的电路的设计路径延迟要小于 if…else 语句实现的电路。但要注意，如果信号 a 是关键路径，则此时综合的时序结果前者要优于后者。

5．时钟和复位信号的代码编写准则

避免在设计中既用时钟的上升沿又用时钟的下降沿。尽可能将上升沿和下降沿触发的触发器分别

放到不同的模块中实现。

避免在 RTL 级放入时钟 buffer。时钟 buffer 一般在综合完成后的物理设计阶段才插入。在综合阶段，时钟网络通常被认为是没有延迟的理想网络，而在布局、布线阶段，有专门的时钟树插入工具来布局时钟网络。

避免使用组合逻辑控制的时钟。其时序关系往往依赖于具体的实现工艺。如果在设计中必须使用组合逻辑控制的时钟，则应将时钟电路作为一个单独的模块（一般在顶层模块）来实现。

复位信号的设计，要采用单一的全局复位信号，避免使用模块内部产生的条件复位信号，模块内部产生的条件复位信号可以转换为同步输入的使能信号处理。芯片内部信号、软件写寄存器提供的全局复位信号、针对某些功能的局部模块复位信号都应该采用同步复位策略。

所有的时钟信号和复位信号在芯片的最顶层都必须是可控制和可观测的。

6. 寻找改善时序设计的方法

设计中应注意寻求运行速度和级联时间之间的折中。面积和速度的一种折中是在等待时间和电路运行速度之间进行。等待时间是信号从输入端经过电路传输到输出端所用的时间。只要吞吐量足够大，一个设计就能有多个等待时间。对于较大的吞吐量，设计者应该对逻辑进行分割，以减少时钟之间的操作。

▌ 2.2 ASIC 设计工具运行环境

ASIC 设计工具可以运行在 Linux、UNIX、Windows 等操作系统上，本书以最常用的 Linux 操作系统为例。Linux 是一套免费使用和自由传播的类 UNIX 操作系统，是一个基于 POSIX 和 UNIX 的多用户、多任务、支持多线程和多 CPU 的操作系统，它能运行主要的 UNIX 工具软件、应用程序和网络协议，支持 32 位和 64 位硬件。Linux 继承了 UNIX 以网络为核心的设计思想，是一个性能稳定的多用户网络操作系统。

2.2.1 Linux 组成结构

从应用角度，Linux 一般有四个主要部分：内核、Shell、文件结构和实用工具。

1. Linux 内核

内核是操作系统的心脏，是运行程序和管理磁盘和打印机等硬件设备的核心程序。Linux 内核是整个 Linux 系统的灵魂，负责整个系统的内存管理、进程调度和文件管理。Linux 内核的容量并不大，并且可以裁减。一个功能比较全面的内核一般不会超过 1MB。

Linux 内核的功能大致分为进程管理、内存管理、文件系统、设备控制和网络功能。当使用 Linux 的时候，通过"ls–l/"就会发现在"/"下包含有很多的目录，比如 etc、usr、var、bin 等目录，而在这些目录中，还有很多的目录或文件。文件系统在 Linux 中看起来就像树形结构，所以我们把文件系统的结构形象地称为树形结构。Linux 文件系统的最顶端是"/"，称为 Linux 的 root，也就是 Linux 操作系统的文件系统。Linux 文件系统的入口是"/"，所有的目录、文件、设备都在"/"之下。

文件系统分为以下几种类型。

（1）普通文件：如文本文件、C 语言源代码、Shell 脚本、二进制的可执行文件等，可用 cat、less、

more、vi、emacs 来查看内容，用 mv 来改名。

（2）目录文件：包括文件名、子目录名及其指针。它是 Linux 存储文件名的唯一地方，可用 ls 列出目录文件。

（3）连接文件：是指向同一索引节点的目录条目。用 ls 来查看时，连接文件的标志以 l 开头，而文件名后以 "–>" 指向所连接的文件。

（4）特殊文件：Linux 的一些设备（如磁盘、终端、打印机等）都可以在文件系统中表示，这类文件就是特殊文件，常放在/dev 目录内。例如，软驱 A 称为/dev/fd0。Linux 无 C:的概念，而是用/dev/had 代指第一硬盘。

Linux 系统中的每个分区都是一个文件系统，都有自己的目录层次结构。Linux 会将这些分属不同分区的、单独的文件系统按一定的方式组成一个系统的总的目录层次结构。这里所说的 "按一定的方式" 就是指的挂载。将一个文件系统的顶层目录挂到另一个文件系统的子目录上，使它们成为一个整体，称为挂载，子目录称为挂载点。

```
mount [-参数] [设备名称] [挂载点]
```

2．Linux Shell

Shell 是系统的用户界面，提供了用户与内核进行交互操作的一种接口。它接收用户输入的命令并把它送入内核去执行。

实际上 Shell 是一个命令解释器，它解释由用户输入的命令并且把它们送到内核。不仅如此，Shell 有自己的编程语言，可用于对命令的编辑，它允许用户编写由 Shell 命令组成的程序。Shell 具有普通编程语言的很多特点，比如也有循环结构和分支控制结构等，用 Shell 编写的 Shell 程序与其他应用程序具有同样的效果。

Linux 也提供了像 Microsoft Windows 那样的可视的命令输入界面——X Window 图形用户界面（Graphical User Interface，GUI），包括很多窗口管理器，其操作就像 Windows 一样，有窗口、图标和菜单，所有的管理都通过鼠标控制。现在比较流行的 Linux 窗口管理器是 KDE 和 GNOME。

每个 Linux 系统用户可以拥有自己的用户界面或 Shell，以满足他们自己专门的 Shell 需要。

同 Linux 本身一样，Shell 也有多种不同的版本。

Bourne Shell：是由贝尔实验室开发的。

BASH：是 GNU 的 Bourne Again Shell，是 GNU 操作系统上默认的 Shell。

Korn Shell：是对 Bourne Shell 的发展，大部分内容与 Bourne Shell 兼容。

C Shell：是 Sun 公司 Shell 的 BSD 版本。

结合本书实验内容，后续将要用到的 Shell 版本是 C Shell。

3．Linux 文件结构

文件结构是文件存放在磁盘等存储设备上的组织方法，主要体现对文件和目录的组织。目录提供了管理文件的一个方便而有效的途径。我们能够从一个目录切换到另一个目录，而且能够设置目录和文件的权限、设置文件的共享程度。

使用 Linux，用户可以设置目录和文件的权限，以便允许或拒绝其他人对其进行访问。Linux 目录采用多级树形结构，如图 2-10 所示。用户可以浏览整个系统，可以进入任何一个已授权进入的目录，访问其中的文件。

文件结构的相互关联性使共享数据变得容易，几个用户可以访问同一个文件。Linux 是一个多用户系统，操作系统本身的驻留程序存放在以根目录开始的专用目录中，有时被指定为系统目录。图 2-10 中那些根目录下的目录就是系统目录。

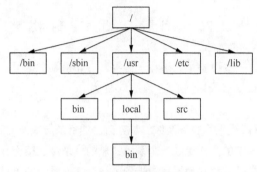

图 2-10 Linux 的目录结构

内核、Shell 和文件结构一起构成了基本的操作系统结构，它们使得用户可以运行程序、管理文件以及使用系统。此外，Linux 操作系统还有许多被称为实用工具的程序，辅助用户完成一些特定的任务。

4．Linux 实用工具

标准的 Linux 系统都有一套叫作实用工具的程序，它们是专门的程序，例如编辑器、过滤器等。用户也可以产生自己的工具。

实用工具可分为三类。

（1）编辑器：用于编辑文件。

（2）过滤器：用于接收数据并过滤数据。

（3）交互程序：允许用户发送信息或接收来自其他用户的信息。

Linux 的编辑器主要有 Ed、Ex、vi 和 Emacs。Ed 和 Ex 是行编辑器，vi 和 Emacs 是全屏幕编辑器。本书实验用到的编辑器为 vi 编辑器，它是 Linux 和 UNIX 上最基本的文本编辑器，工作在字符模式下。由于不需要图形界面，因此 vi 是效率很高的文本编辑器。在 UNIX 下，vi 是标准的文本编辑器之一，它是所有 Linux 和 UNIX 系统都会提供的屏幕编辑器。vi 提供了一个视窗设备，通过它可以编辑文件。几乎任何一部 UNIX 系统都把 vi 编辑器作为最基本的"软件"而默认组装在系统中。在 PC-UNIX 中，即使是选择最小程度安装，vi 编辑器也会被默认安装在系统中。对于初次接触 vi 的人来说，可能觉得 vi 界面不太友好，不太容易掌握。但由于 vi 是最基本的编辑器，一旦掌握了 vi 的命令，就可以感觉到它功能的强大与高效。而且 vi 相对于其他编辑器（比如 Emacs）较小，无论操作者使用何种 Linux 系统，总是可以使用 vi。在很多系统中，可能也只有 vi 供你选择。

表 2-5 列出了本书实验内容中会用到的 vi 编辑器命令及 Linux 基本命令。

表 2-5 vi 编辑器命令及 Linux 基本命令

命令	命令解释	Linux/vi 编辑器
vi filename	打开或新建一个文件	Linux
pwd	显示当前目录	
cd	返回 home 下	
cd ..	返回上一级目录	

命令	命令解释	Linux/vi 编辑器
ls	显示当前目录的内容	Linux
cd tmp	进入目录（文件夹）	
cp –r	文件复制	
cp –i　file1 file2	复制文件	
mv	文件改名，移动	
rm –i　file	删除文件	
rm –rf tmp	删除目录	
find	查找文件	
[ESC]	切换到命令模式	vi 编辑器
:q	直接退出（注意冒号）	
:wq	存档后再退出（注意冒号）	
mkdir tmpname	新建一个目录	

注：要用 vi 进行 Verilog HDL 程序（电路文件和测试文件）的输入！

2.2.2　环境变量设置

1. 环境变量概述

环境变量是操作系统中一个具有特定名字的对象，它包含一个或多个应用程序将使用到的信息。Linux 是一个多用户操作系统，每个用户登录系统时都会有一个专用的运行环境，通常情况下每个用户的默认环境都是相同的。这个默认环境就是一组环境变量的定义。每个用户都可以通过修改环境变量的方式对自己的运行环境进行配置。

Linux 不像 Window 界面那样可以可视化，所以软件安装、配置与调用等均通过环境变量来实现。环境变量可以由系统、用户、Shell 以及其他程序来设定。环境变量就是一个可以被赋值的字符串，赋值范围包括数字、文本、文件名、设备以及其他类型的数据。

在 Linux 中，环境变量一般用大写字母加下划线命名。环境变量相当于一个指针，当我们要查看指针所指向的值的时候需要先解除引用，同样的，当我们想查看环境变量里面的值的时候，需要在前面加$引用。

Linux 的变量分为环境变量和本地变量。环境变量是一种全局变量，存在于所有的 Shell 中，在登录的时候就有系统定义的环境变量了。Linux 的环境变量具有继承性，即 Shell 会继承父 Shell 的环境变量。本地变量是当前 Shell 中的变量，本地变量包含环境变量。本地变量中的非环境变量，不具备继承性。

在 Linux 中的变量按照生存周期可分为两类。

永久的：需要修改配置文件，变量永久生效。

临时的：使用 export 命令声明即可，变量在关闭 Shell 时失效。

2. 设置环境变量常用指令

（1）显示环境变量命令 HOME

```
$ echo $HOME
/home/admin
```

（2）设置一个新的环境变量命令 NAME

```
$ export NAME="RaidCheng"
$ echo $NAME
RaidCheng
```

（3）显示所有的环境变量命令 env

```
$ env
HOSTNAME=test
TERM=vt100
SHELL=/bin/bash
HISTSIZE=1000
SSH_CLIENT=202.xxx.xxx.xxx 53694 22
CATALINA_BASE=/usr/local/jakarta-tomcat
SSH_TTY=/dev/pts/0
ANT_HOME=/usr/local/ant
JAVA_OPTS=-server
USER=admin
...
```

（4）显示所有本地定义的 Shell 变量命令 set

```
$ set
BASH=/bin/bash
BASH_VERSINFO=([0]="2" [1]="05b" [2]="0" [3]="1" [4]="release" [5]="i386-redhat-linux
-gnu")
BASH_VERSION='2.05b.0(1)-release'
CATALINA_BASE=/usr/local/jakarta-tomcat
CATALINA_HOME=/usr/local/jakarta-tomcat
...
```

（5）清除环境变量命令 unset

```
$ export NAME="RaidCheng"
$ echo $NAME
RaidCheng
$ unset NAME
$ echo $NAME
```

（6）设置只读变量命令 readonly

```
$ export NAME="RaidCheng"
$ readonly NAME
$ unset NAME
-bash: unset: NAME: cannot unset: readonly variable
$ NAME="New"  #会发现此变量也不能被修改
-bash: TEST: readonly variable
```

3. 集成电路设计中常用的环境变量

本书实验部分常用到的环境变量如表 2-6 所示。

表 2-6　常用的环境变量

环境变量名	功能
PATH	决定了 Shell 将到哪些目录中寻找命令或程序
HOME	当前用户主目录
HISTSIZE	历史记录数

续表

环境变量名	功能
LOGNAME	当前用户的登录名
HOSTNAME	主机的名称
SHELL	前用户 Shell 类型
LANGUAGE	语言相关的环境变量，多语言可以修改此环境变量
MAIL	当前用户的邮件存放目录
PS1	基本提示符，对于 root 用户是#，对于普通用户是$
PS2	附属提示符，默认是 ">"
SECONDS	从当前 Shell 开始运行所经过的秒数

2.2.3　Linux 相关命令

本书设计的所有实验全部在 Linux 操作系统上完成，下面将对实验过程中涉及到的常用 Linux 命令进行详细讲解。其中，前 6 个命令是在后续章节中会经常用到的命令，后 4 个命令在一般实验中用到的概率很小。

（1）mkdir 命令

mkdir（Make directory）命令是在命名路径下创建新的目录。如果目录已经存在了，那么会返回一个错误信息"不能创建文件夹，文件夹已经存在了（cannot create folder, folder already exists）。

注意　新的目录只能在用户拥有写权限的目录下创建。

mkdir：不能创建目录`tecmint`，因为文件已经存在了。（不要被上面输出中的"文件"迷惑了，应该记住在 Linux 中，文件、文件夹、驱动、命令、脚本都被视为文件）

（2）ls 命令

ls 命令是列出目录内容（List Directory Contents）的意思。运行它就是列出文件夹里的内容，可以是文件，也可以是文件夹。

"ls-l"命令会以详情模式（long listing fashion）列出文件夹的内容。

"ls-a"命令会列出文件夹里的所有内容，包括以 "." 开头的隐藏文件。

注意　在 Linux 中，以 "." 开头的文件就是隐藏文件，并且每个文件、文件夹、设备或者命令都以文件对待。

（3）cd 命令

cd 命令代表改变当前工作目录。它在终端中改变工作目录来执行复制、移动、读、写等操作。

```
~# cd /home/user/Desktop~$ pwd 返回信息：
/home/user/Desktop
```

在终端中切换目录时，cd 非常有用。"cd～"会改变工作目录为用户的家目录，当用户发现自己在终端中迷失了路径时，这个命令非常有用。"cd.."可从当前工作目录切换到当前工作目录的父目录。

（4）cp 命令

copy 就是复制，它会从一个地方复制一个文件到另一个地方。

~# cp /home/user/Downloads abc.tar.gz /home/user/Desktop（Return 0 when sucess）

cp 是在 shell 脚本中是最常用到的一个命令，而且它可以使用通配符来定制所需的文件的复制。

（5）pwd 命令

pwd（print working directory）命令将在终端中显示当前工作目录的全路径。

~# pwd 返回信息：
/home/user/Desktop

pwd 命令并不会在脚本中经常使用，但是对于新手，当连接到 Linux 很久后在终端中迷失了路径时，这绝对是个好的解决方法。

（6）mv 命令

mv 命令可将一个地方的文件移动到另一个地方去。

~# mv /home/user/Downloads abc.tar.gz /home/user/Desktop (Return 0 when sucess)

mv 命令可以使用通配符。但需谨慎使用 mv 命令，因为移动系统文件或者未经授权的文件不但会导致安全性问题，而且可能会导致系统崩溃。

（7）sudo 命令

sudo（super user do）命令允许授权用户执行超级用户或者其他用户的命令，可通过在 sudoers 列表的安全策略来指定。

sudo 命令允许用户借用超级用户的权限，而 su 命令允许用户以超级用户的身份登录，所以 sudo 比 su 更安全。并不建议使用 sudo 或者 su 命令来处理日常事务，因为它们可能导致严重的错误，比如操作者意外执行了错误操作。

（8）chmod 命令

chmod 命令用于改变文件的模式位。chmod 会根据用户要求的模式来改变每个所给定文件、文件夹、脚本等的文件模式（权限）。在文件（文件夹或者其他）中存在 3 种类型的权限。

- Read (r)=4
- Write (w)=2
- Execute (x)=1

如果操作者想给文件只读权限，就设置为 4；只写权限，就设置权限为 2；只执行权限，就设置为 1；读写权限，就设置为 4+2=6，以此类推。现在需要设置 3 种用户和用户组权限。首先是拥有者，然后是用户所在的组，最后是其他用户。

　　拥有者、用户所在组和其他用户有读、写、执行权限：

```
root@tecmint:~# chmod 777 abc.sh
```

　　3 种用户都只有读写权限：

```
root@tecmint:~# chmod 666 abc.sh
```

　　拥有者用户有读、写和执行权限，用户所在组和其他用户只有执行权限：

```
root@tecmint:~# chmod 711 abc.sh
```

对于系统管理员和用户来说，chmod 命令是最有用的命令之一。在多用户环境或者服务器上，对于某个用户，如果设置了文件不可访问，那么这个命令就可以解决；如果设置了错误的权限，那么这个命令也可以恢复。

　　（9）chown 命令

　　chown 命令用于改变文件拥有者和用户所在组。每个文件都属于一个用户组和一个用户。chown 命令用来改变文件的所有权，所以仅仅用来管理文件的用户和用户组授权。

```
chown server:server Binary
```

chown 可以改变现有文件的用户和组的所有权到新的拥有者或者已经存在的用户和用户组。

　　（10）uname 命令

　　uname 命令是 UNIX Name 的简写。用于显示机器名、操作系统和内核的详细信息。

uname 显示内核类别，uname -a 显示详细信息。

第 3 章

中央处理器

前面两章已经详细介绍了 ASIC 的设计流程、自顶向下的设计方法以及 Verilog 的语法基础。本章将详细介绍 CPU 的基本概念、指令系统及其功能实现，读者通过了解 CPU 的设计原理可以掌握 ASIC 的设计流程与意义。

▌ 3.1 CPU 概述

计算机的基本功能是执行程序，而程序是由存储在存储器中的一串串指令组成的。指令是保存在计算机硬件中的一系列高低电平，这些高低电平表示的所有信息都是由二进制数或称二进制位（bit）表示（即高电平表示为二进制数 1，低电平表示为二进制数 0）的。不同的指令由一系列二进制数的不同组合组成，实现不同的功能。

CPU 是计算机系统的核心部件，是由数量众多的晶体管组成的超大规模集成电路，控制着整个计算机的运行。CPU 通过执行程序中指定的指令来完成实际的工作。CPU 执行指令的一般步骤如下。

（1）取指令：根据指令所处的存储器单元地址，由程序计数器（Program Counter，PC）提供，从存储器中取出所要执行的指令。其中，用 PC 来指示当前指令在主存中的位置，当指令被取出后，PC 值根据指令长度自动增加。

（2）分析指令：对取出的指令进行译码分析。根据指令操作码的分析，产生相应操作的控制电位，去参与形成该指令功能所需的全部控制命令；根据寻址方式的分析和指令功能的要求，形成操作数的有效地址，并按此地址取出操作数据（算术逻辑指令）或者形成转移地址（转移类指令），以实现程序转移。

（3）执行指令：根据指令功能，执行指令所规定的操作，并根据需要保存操作结果。一条指令执行结束，若没有异常情况和特殊要求，则按程序顺序再去取出并执行下一条指令。

随着计算机的发展，人们对于指令功能的要求越来越高。为了满足用户需求，指令种类不断增加，寻址方式种类也不断增加，指令系统不断扩大。这种庞大且复杂的指令系统称为复杂指令系统（Complex Instruction Set Computer，CISC）。虽然 CISC 功能不断增加，但同时也导致所需的硬件结构更复杂，增加了计算机的研制成本，而且花费大量代价增加的复杂指令的利用率只有 20%。所以人们开始考虑使用少量的简单指令来实现大量的复杂功能，由此产生了精简指令系统（Reduced

Instruction Set Computer，RISC）。RISC 使计算机的结构更加简单合理，从而提高了运算速度。

　　本章以 8 位 RISC_CPU 为例来介绍 CPU 的设计实现过程。本节已经详细阐述了 CPU 的整体执行过程，在后续小节将会详细介绍 CPU 的指令集系统，以及如何设计才能实现指令的功能，从而设计实现一个 8 位 RISC_CPU。

▌ 3.2　CPU 的指令系统

　　指令是规定计算机执行特定操作的命令。指令系统是一个 CPU 所能够处理的全部指令的集合，是一个 CPU 的根本属性，决定了一个 CPU 能够运行什么样的程序，执行什么样的指令。指令系统反映了计算机具有的基本功能，是计算机系统硬件、软件的主要分界面。计算机的系统设计人员需要根据系统的性能和用户的要求研究如何设计计算机的指令系统，计算机的硬件设计人员需要根据设计的指令系统及其功能设计出硬件系统，而计算机的软件设计人员则需要依据设计出的指令系统来编制各种程序。由于指令系统既是计算机硬件设计的主要依据，又是计算机软件设计的基础，因此，一台计算机的指令系统的优劣将直接影响计算机系统的性能。了解指令系统，对于了解 CPU 的设计有着重要的作用。

　　本节主要以 8 位 RISC_CPU 为例介绍指令系统的基本知识，如指令的基本格式、指令的分类、指令的寻址方式等。

3.2.1　指令的基本格式

　　指令与数据一样，都是采用二进制代码表示的。为了说明 CPU 应该完成的操作，一条指令中应指明指令要执行的操作和作为操作对象的操作数的来源以及操作结果的去向，所以指令一般由两部分组成：操作码字段和地址码字段。操作码字段表示指令的操作特性与功能，地址码字段指定参与操作的操作数地址。8 位 RISC_CPU 的操作码字段总是为 7:5 位，用 opcode[7:5]表示，地址码字段总是为 4:0 位，用 address[4:0]表示。其指令基本格式如图 3-1 所示。

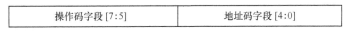

操作码字段 [7:5]	地址码字段 [4:0]

图 3-1　指令基本格式

　　（1）操作码：指令系统的每一条指令都有一个操作码，是指明指令操作性质的命令码。不同的操作码代表不同的指令，并且每一个操作码都与一条指令一一对应。组成操作码字段的位数一般取决于指令系统的规模，所需指令数越多，那么组成操作码的位数也越多。例如，8 位 RISC_CPU 的指令系统只有 8 条指令，则需要 3 位操作码，不同的 0/1 组合可以产生 8 个不同的指令。一般来说，n 位操作码最多能够表示 2^n 条指令。不同的指令系统操作码的编码长度可能不同。若操作码的编码长度是固定的，则称为定长编码；若操作码的编码长度是变长的，则称为变长编码。

　　（2）地址码：指令系统中的地址码用来描述该指令的操作对象。在地址码中可以直接给出操作数本身、操作数在存储器或寄存器中的地址、操作数在存储器中的间接地址等。根据指令功能的不同，一条指令中可以有一个或多个操作数地址，也可以没有操作数地址。一般要求有两个操作数地址，但若要考虑存放操作数结果，就需要有 3 个地址。

　　（3）指令助记符：指令的操作码和地址码均由二进制数据来表示，这种表示方法在书写程序时十分麻烦，所以通常使用易记的文字符号来表示操作码和地址码，即指令助记符。常用的指令助记符有加法（Addition，ADD）指令、减法（Subtract，SUB）指令、传送（Move，MOV）指令、跳转（Jump，JMP）指令、读数（Load Accumulator，LDA）指令等。

3.2.2　指令分类

指令系统决定了计算机的基本功能，各个指令的功能不仅影响计算机的硬件结构，还影响软件程序的编写。因此设计一个合理而有效的指令系统，对于提高计算机 CPU 的性价比有很大的意义。设计一个合理而有效的指令系统应满足以下基本要求。

（1）完备性：指令系统的完备性是指通过指令编程可以实现任何运算，即要求指令系统应具有所有基本指令，且功能齐全、使用方便。

（2）有效性：指令系统的有效性是指用指令系统中的指令编写的程序能高效率运行，占用空间小，执行速度快。

（3）规整性：指令系统的规整性是指指令系统应具有对称性、匀齐性、指令与数据格式的一致性。其中，对称性是指指令同等对待所有寄存器和存储单元，可以使用所有的寻址方式；匀称性是指一种指令的操作可以支持各种数据类型；指令与数据格式的一致性是指指令长度与机器字长和数据长度有一定的关系，以便于指令和数据的存取及处理。

（4）兼容性：为了满足软件兼容性的要求，系列机的各机种之间应该具有基本相同的指令集，即指令系统应具有一定的兼容性。

一般来说，一个完善的指令系统中的最基本指令应包括数据传送指令、算术逻辑运算指令、转移指令、中断指令等。复杂指令往往是一些基本指令功能的组合。算术逻辑指令包括算术运算指令和逻辑运算指令，算术运算指令所承担的功能是 CPU 最基本的数值计算，如加法指令、减法指令、乘法指令、除法指令等；逻辑运算指令所承担的功能是 CPU 最基本的逻辑运算，如逻辑与、逻辑或、逻辑非等基本逻辑运算指令，也包括同或、异或等组合逻辑运算指令。与算术运算指令不同，逻辑运算指令进行的是二进制数据的按位运算。数据传送指令是最基本、最重要的指令，负责在主存和 CPU 寄存器之间传输数据。按照操作对象的不同，可将数据传送指令分为以下四种：寄存器—寄存器、存储器—寄存器、寄存器—存储器、存储器—存储器。执行数据传送指令时，数据从源地址传送到目的地址，源地址中的数据不变。转移指令是将程序中的指令地址更新至需要转移到的新的目标地址，主要分为条件转移指令和无条件转移指令。条件转移指令是当指令满足规定的条件后才能执行的转移指令，无条件转移指令则是不受任何条件约束的转移指令。中断指令是指当 CPU 出现异常情况或特殊要求需要转入中断处理程序时用到的指令。

本节主要介绍 8 位 RISC_CPU 的指令系统。8 位 RISC_CPU 的指令系统只有 8 种指令，即暂停（halt，HLT）指令、转移（SKZ）指令、ADD 指令、逻辑与（and，AND）指令、异或（exclusive OR，XOR）指令、LDA 指令、数据转移（STO）指令、跳转（jump，JMP）指令。

1. HLT 指令

HLT 指令使程序停止运行，CPU 处于暂停状态，不执行任何操作，属于程序中断指令。HLT 的操作码为 000，即没有操作数。所以 HLT 指令的一般格式如图 3-2 所示。

| 000 | 地址码 |

图 3-2　HLT 指令格式

例如，语句是 000_00000（此处的地址码是举例写为 00000，也可以写为 00001），表示在地址 00000 处暂停。

2. SKZ 指令

SKZ 指令是先判断 ALU 中的结果是否为 0，如果是 0，则跳过下一条语句继续执行，如果是 1，则执行下一条语句。SKZ 属于转移指令中的条件转移指令，只有满足 ALU 当前结果为 0 的条件才能转移。SKZ 指令的操作码为 001，SKZ 指令的一般格式如图 3-3 所示。

图 3-3　SKZ 指令格式

例如，语句是 001_00001，则表示地址在 00001 处，若 ALU 结果是 0，则跳过下一条语句。

3. ADD 指令

ADD 指令是将累加器中的值与地址所指的存储器或者端口的数据相加，结果送回累加器中。ADD 指令属于算术逻辑指令中的算术指令，其操作数为 010，ADD 指令的一般格式如图 3-4 所示。

图 3-4　ADD 指令格式

例如，语句是 010_00010，则表示将 00010 这个地址中存储的数据和累加器中的数据相加，结果存到累加器中。

4. AND 指令

AND 指令是将累加器中的数据与地址所指的存储器或端口中的数据相与，结果送回累加器中。AND 指令属于算术逻辑运算指令中的逻辑运算指令，逻辑运算指令进行的是二进制数据的按位运算。AND 指令是当两个操作数的对应位都为 1 时，该位的操作结果为 1。AND 指令的操作码为 011，AND 指令的一般格式如图 3-5 所示。

图 3-5　AND 指令格式

例如，语句 011_00011 是将 00011 这个地址中存储的数据与累加器中的数据进行逻辑与操作，结果存到累加器中。

5. XOR 指令

XOR 指令是将累加器中的数据与指令中给出地址的数据相异或，结果送回累加器中。XOR 指令属于算术逻辑运算指令中的逻辑运算指令。XOR 指令的操作码为 100，XOR 指令的一般格式如图 3-6 所示。

图 3-6　XOR 指令格式

例如，语句 100_00100 是将 00100 这个地址中存储的数据与累加器中的数据进行异或操作，结果存到累加器中。

6. LDA 指令

LDA 指令是将指令中给出地址的数据放入累加器。LDA 指令是数据转移指令，其操作码是 101，LDA 指令的一般格式如图 3-7 所示。

图 3-7　LDA 指令格式

例如，语句 101_00101 是将 00101 这个地址中的数据放入累加器中。

7．STO 指令

STO 指令是将累加器中的数据放入指令中给出的地址。STO 指令是数据转移指令，其操作码是 110，STO 指令的一般格式如图 3-8 所示。

| 110 | 地址码 |

图 3-8　STO 指令格式

例如，语句 110_00110 是将累加器中的数据存入 00110 这个地址中。

8．JMP 指令

JMP 指令是跳转至指令给出的目的地址并继续执行。JMP 指令是转移指令中的无条件转移指令，其操作码是 111，JMP 指令的一般格式如图 3-9 所示。

| 111 | 地址码 |

图 3-9　JMP 指令格式

例如，语句 111_00111 是直接跳转到 00111 这个地址继续执行。

本小节介绍了 8 位 RISC_CPU 的指令系统，指令 7:5 位是操作码，不同的操作码决定了指令的不同功能。在下一小节将介绍 CPU 的寻址方式和 8 位 RISC_CPU 的寻址方式。

3.2.3　寻址方式

根据存储程序的概念，计算机在运行程序之前必须把程序和数据存入主存中。在程序的运行过程中，为了保证程序能够连续执行，必须不断地从主存中读取指令，而指令中涉及的操作数可能在主存，也可能在系统的某个寄存器中，还可能在指令中。因此指令中必须给出操作数的地址信息以及取下一条指令必需的地址信息。所谓寻址方式，就是指形成本条指令的操作数地址和下一条要执行的指令地址的方法。根据所需的地址信息的不同，寻址方式可分为指令寻址方式和操作数寻址方式。

1．指令寻址方式

指令寻址方式方式包含顺序寻址方式和跳跃寻址方式。

（1）顺序寻址方式

从存储器取出第一条指令并执行，接着从存储器中取出第二条指令并执行，以此类推，顺序执行程序的过程叫作指令的顺序寻址方式。图 3-10 为顺序寻址方式的执行示意图。可见必须使用程序计数器（又称指令寄存器）PC 来计数指令的顺序号，该顺序号就是指令在内存中的地址。

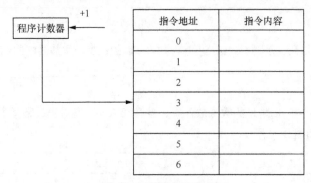

图 3-10　顺序寻址方式

（2）跳跃寻址方式

指令的跳跃寻址方式是指下一条指令的地址码不是由程序计数器给出，而是由本条指令给出。程序跳跃到目的地址后将继续按照新的指令地址顺序执行。程序计数器的内容也必须相应改变，以便及时跟踪到新的指令地址。图 3-11 为跳跃寻址方式的执行示意图。

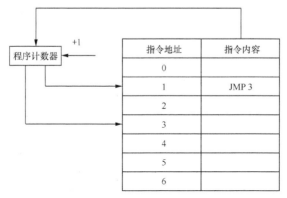

图 3-11　跳跃寻址方式

2. 操作数寻址方式

操作数寻址方式是指在指令中形成操作数地址或者操作数的方法。常用的操作数寻址方式有立即寻址方式、直接寻址方式、间接寻址方式、寄存器寻址方式、基址寻址方式、变址寻址方式和相对寻址方式。

（1）立即寻址方式

指令的地址字段给出的不是通常的地址，而是操作数本身，这种寻址方式称为立即寻址方式。由于操作数是指令的一部分，不便于修改，所以立即寻址方式适用于操作数固定的情况。

（2）直接寻址方式

直接寻址方式是指在指令的地址字段中直接给出操作数在存储器中的地址。图 3-12 为直接寻址方式的示意图。

图 3-12　直接寻址方式

（3）间接寻址方式

间接寻址方式是指指令地址码字段所指向的存储单元中存储的不是操作数本身，而是操作数的地址。图 3-13 为间接寻址方式的示意图。

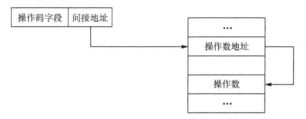

图 3-13　间接寻址方式

（4）寄存器寻址方式

寄存器寻址方式是指指令的地址码是寄存器的编号，而不是操作数或者操作数的地址。寄存器寻址方式又分为直接寻址方式和间接寻址方式。如图 3-14 所示，寄存器直接寻址是指指令的地址码给出寄存器的编号，寄存器中的内容为操作数；如图 3-15 所示，寄存器间接寻址是指指令的地址码给出寄存器的编号，寄存器中的内容为操作数的地址，然后根据操作数的地址访问内存从而得到操作数。

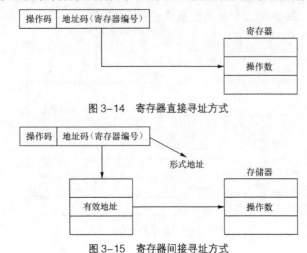

图 3-14 寄存器直接寻址方式

图 3-15 寄存器间接寻址方式

（5）基址寻址方式

专门设置一个基址寄存器或者指定一个通用寄存器作为基址寄存器。基址寻址方式是将基址寄存器的内容加上指令中的形式地址形成有效地址，如图 3-16 所示。

（6）变址寻址方式

变址寻址方式计算有效地址的方法与基址寻址方式类似，只是将指令中的形式地址作为基准地址，变址寄存器的内容作为修改量，来得到有效地址，如图 3-17 所示。

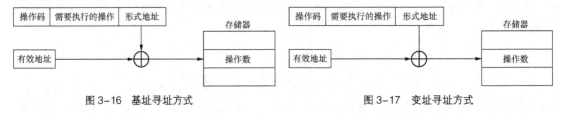

图 3-16 基址寻址方式　　　　　　　　　图 3-17 变址寻址方式

（7）相对寻址方式

相对寻址方式是相对于当前的指令地址而言的。相对寻址是把程序计数器 PC 的内容加上指令中的形式地址形成操作数的有效地址，而程序计数器的内容即是当前指令的地址。

8 位 RISC_CPU 是 8 位微处理器，采用直接寻址方式，即数据总是放在存储器中，寻址单元的地址由指令直接给出。

3.2.4　指令周期

1. 指令周期

CPU 取出一条指令并执行该指令所需要的时间称为指令周期。指令周期的长短与指令的复杂度有关。

2. CPU 周期

指令周期常常用若干个 CPU 周期来表示。由于 CPU 内部的操作速度较快，而 CPU 访问一次主存所花的时间较长，因此常用从主存读取一条指令所用的最短时间来规定 CPU 周期，CPU 周期也称为机器周期。

3. 时钟周期

一个 CPU 周期包含若干个时钟周期。时钟是处理操作的最基本的单位。一个 CPU 周期的时间宽度由若干个时钟周期的总和决定。由于取出指令阶段至少需要一个 CPU 周期，执行指令阶段至少需要一个 CPU 周期。所以任何一个指令至少需要两个 CPU 周期，复杂指令的指令周期则需要更多的 CPU 周期来实现。

3.3 CPU 的功能实现

上一节主要介绍了指令系统中的核心指令，这些指令的实现过程大致相同，与具体的指令类型无关。CPU 的作用是协调控制计算机的各个部件执行程序的指令序列，使其有条不紊地进行。因此 CPU 必须具有以下功能：取指令、分析指令、执行指令。要设计实现一个 RISC_CPU，应该先了解 RISC_CPU 指令系统中每条指令执行时所需的主要数据通路部件，同时还要确定这些部件对应的控制信号，并利用控制信号为指令的执行建立数据通路。

为实现上述功能，首先需要的部件是一个存储程序指令的地方（即存储器），还需要一个部件存放当前指令的地址（即 PC），以及存放当前正在执行的指令内容的部件（即指令寄存器，Instruction Register，IR），还需要一个能对指令进行分析的部件（即指令译码器，Instruction Decoder，ID）。所有类型的指令在读取寄存器后，都要一个部件来进行算术逻辑运算（即算术逻辑单元，Arithmetic Logic Unit，ALU），并且需要累加器（Accumulator，AC）来暂时存储 ALU 的计算结果，最后需要一个部件对上述各功能部件进行统筹规划（即状态控制器），当然还需要时钟单元进行时序的控制。接下来将详细介绍上述各个部件的作用及功能。

3.3.1 存储器

CPU 的主要任务就是执行指令，所以在设计 CPU 之前，首先应设计一个存储单元来存储指令系统中的指令，即存储器。本书设计的是 8 位 RISC_CPU，指令的地址位 4:0 是 5 位，所以存储器的大小为 32×8bit。存储器有读数据和写数据的功能，但是何时读数据或写数据是由控制器决定的。图 3-18 为存储器的结构图，可以看到存储器有 4 个输入，分别为从控制器传送过来的读信号 read 和写信号 write、从地址选择器选择的地址信号 addr[4:0]和总线上的数据 data。当读信号 read 为高电平时，数据 data 从存储器读出到总线上；当写信号 write 为高电平时，数据 data 从总线写入存储器中。

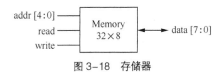

图 3-18 存储器

3.3.2 程序计数器

指令系统中的所有指令是按照地址顺序存放在存储器中的。设计 CPU 下一步需要考虑的是如何从存储器中取出我们想要执行的那条指令，这就需要一个状态单元来存放想要执行的指令的地址，通过这个地址来提取指令，即 PC。图 3-19 为程序计数器 PC 的结构示意图。

每次 CPU 重新启动，都从存储器的零地址开始读取指令并执行。当顺序执行完一条指令后，程序计数器中的地址 pc_addr 已被增加 2（因为 8 位 RISC_CPU 的每条指令占 2 个字节），指向下一条指令。如果正在执行的指令是转移语句，这时 CPU 状态控制器将会输出 ld_pc 信号，通过 load 口将指令地址送入程序计数器中。程序计数器（pc_addr）将装入目标地址（ir_addr），而不是自增 2。

图 3-19　程序计数器

3.3.3　指令寄存器

存储器用来存储指令系统中的所有指令，通过程序计数器 PC 提供指令地址，在执行指令时需要根据提供的地址将要执行的指令取出，所以需要一个寄存器单元暂时存放当前正在执行的指令，即 IR。图 3-20 为指令寄存器。

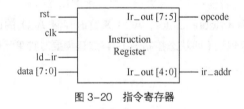

图 3-20　指令寄存器

当执行一条指令时，应从存储器中经过数据总线把即将执行的指令读取到指令寄存器中，当指令寄存器取到指令后，根据指令的操作码来判断指令将要执行的操作。指令寄存器的触发时钟是 clk，在 clk 的上升沿触发下，将数据总线送来的指令存入指令寄存器中，但并不是每个 clk 的上升沿都能寄存数据总线的指令，因为数据总线上有时传输指令，有时传输数据，所以是否寄存、何时寄存是由控制器发送的 ld_ir 信号控制的。当 rst_信号为高电平即复位后，指令寄存器被清零，继续准备接收下一条指令。

3.3.4　地址多路选择器

指令寄存器需要通过程序计数器提供的指令地址从存储器中取得想要执行的指令。但是存储器获得的指令地址的源头可能不止一个，因为指令执行的情况有两种：一是顺序执行的情况，二是遇到要改变顺序执行的情况。所以必须增加一个部件来从多个数据源中选择其中一个传输给存储器，这个器件就是地址多路选择器，本书以二选一开关为例。图 3-21 为二选一开关的结构示意图。

在执行顺序执行指令时，下一条指令的地址是程序计数器地址自增 2，即 pc_addr；在执行转移指令时，下一条指令的地址为 ir_addr。所以二选一开关在控制器的控制信号 sel 的控制下，判断是选择 ir_addr 还是 pc_addr，最终将下一条指令的地址送到存储器中，存储器再将下一条指令通过数据总线传送到指令寄存器中。

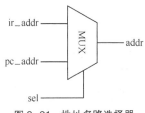

图 3-21　地址多路选择器

3.3.5　算术逻辑单元

指令寄存器根据指令的操作码来判断下一步应该执行什么操作，RISC_CPU 中所有的指令操作都需要用到 ALU。图 3-22 为算术逻辑单元的示意图。

图 3-22　算术逻辑单元

若指令的操作码 opcode 是 001，则执行 SKZ 操作，而 SKZ 操作需要判断 ALU 的 zero 标志是否为 1（即 ALU 当前的结果是否为 0），如果 zero 标志为 1，则跳转到下一条语句；若指令的操作码 opcode 是 010、011、100，则分别执行相加、相与、异或操作，均属于算术逻辑运算，这些操作都需要将数据 data 和累加器中的数据 accum 放在 ALU 中进行算术逻辑运算，得到结果 ALU_out 再送回到累加器 Accumulator 中；若指令的操作码 opcode 是 101，则执行 LDA 操作，将总线上的数据输入到 ALU 中，再通过 ALU_out 传送到累加器中；若指令的操作码 opcode 是 110，则执行 STO 操作，将累加器中的数据传送到 ALU 中，再通过 ALU 传送到数据总线上。

3.3.6　累加器

根据上一小节的介绍可知，为完成指令所要执行的操作，除了算术运算单元，还需要一个部件来暂时存放 ALU 的一个操作数或者运算结果，即 AC。图 3-23 为 AC 的结构示意图，当执行算术逻辑运算指令（即 ADD、AND、XOR）时，需要将累加器输出的数据 accum 传送到 ALU 中进行运算，运算后的结果 ALU_out 还要暂时放回累加器中；若指令的操作码是 101、110，则分别执行 LDA、STO 操作，即向累加器写数据或者从累加器读数据到目的地址中；当控制器的控制信号 ld_ac 为高电平时，在时钟上升沿，累加器总能收到数据总线传送过来的算术逻辑单元的运算结果或者操作数（即 ALU_out）。

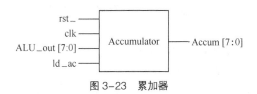

图 3-23　累加器

3.3.7 状态控制器

前面几个小节已经介绍了要完成一个 CPU 设计所必需的数据通路部件,接下来需要考虑的是如何将上述部件连接成有序的执行指令,这就需要一个控制单元来控制何时启动或停止某些部件、何时读指令、何时进行存储器的读写等操作,即状态控制器。图 3-24 为状态控制器的结构示意图。

状态控制器在 8 个时钟周期内完成指令的获取和执行,前 4 个时钟周期用来从存储器取数据,后 4 个时钟周期用来发出不同的控制信号。8 个时钟周期的时序关系如图 3-25 所示。

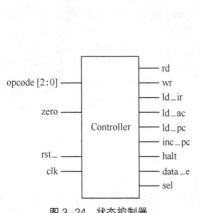

图 3-24 状态控制器

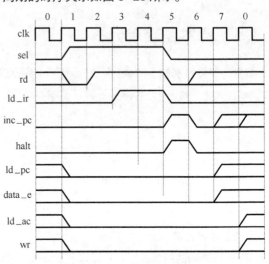

图 3-25 时序关系图

对应的时序表如图 3-26 所示。

clk	1	2	3	4	5	6	7	0
sel	1	1	1	1	0	0	0	0
rd	0	1	1	1	0	aluop	aluop	aluop
ld_ir	0	0	1	1	0	0	0	0
inc_pc	0	0	0	0	1	0	SKZ&zero	SKZ&zero|JMP
halt	0	0	0	0	HLT	0	0	0
ld_pc	0	0	0	0	0	0	JMP	JMP
data_e	0	0	0	0	0	0	!aluop	!aluop
ld_ac	0	0	0	0	0	0	0	aluop
wr	0	0	0	0	0	0	0	STO

图 3-26 时序表

第 1 个时钟周期,sel 为高电平,其余都是低电平,说明存储器将接收到来自二选一开关送来的指令的地址。

第 2 个时钟周期,sel 和 rd 为高电平,其余都是低电平,说明存储器正从数据总线读指令。

第 3 个时钟周期,sel、rd 和 ld_ir 为高电平,其余都是低电平,说明指令寄存器正在读取指令。

第 4 个时钟周期与第 3 个时钟周期相同,指令寄存器也在读取指令,因为 8 位 RISC_CPU 的指令读取需要 2 个时钟周期。

第 5 个时钟周期,inc_pc 为高电平,halt=HLT,其余为低电平。如果 HLT 为高电平,则执行暂停操作;如果 HLT 为低电平,则程序计数器自增 1。

第 6 个时钟周期,rd=aluop,其余为低电平。当执行 ADD、AND、XOR、LDA 等操作时,aluop

为高电平；当执行 HLT、SKZ、STO、JMP 等操作时，aluop 为低电平。

第 7 个时钟周期，rd=aluop, inc_pc=SKZ&zero, ld_pc=JMP, data_e=!aluop，其余为低电平。如果 aluop=1，则执行算术逻辑操作；如果 SKZ&zero=1（即操作符是 SKZ 且 ALU 的结果是 0），则程序计数器 PC 的地址自增 1 且跳过下一个语句，否则 PC 无变化；如果 JMP=1，则 PC 地址变成目标地址。

第 8 个时钟周期，rd=aluop, inc_pc=SKZ&zeroIJMP, ld_pc=JMP, data_e=!aluop, ld_ac=aluop, wr=STO，其余为低电平。如果 aluop=1，则 rd=1, data_e=0, ld_ac=1，执行的是 LDA 指令，即把数据写入累加器中；如果操作是 SKZ，则 PC 的地址自增 1；如果操作是 JMP，则 PC 的地址变成目标地址；如果操作是 STO，则将累加器中的数据写到地址中。

以上详细地介绍了 CPU 如何在 8 个时钟周期内完成取指令和执行指令的过程。

3.3.8 CPU

CPU 执行程序时，需要经过取指令、指令译码、指令执行和指令结果存储几个步骤。首先，在程序执行前将指令存储到存储器中；当 CPU 上电时，PC 初始化为 0，如果执行的第一条指令是非跳转指令，则 PC 在下一个指令周期自动加 1；如果执行的第一条指令是跳转指令，则 PC 在下一个指令周期执行跳转指令对应的下一条指令；如果是 SKZ 指令且 ACC=0，则 PC 在下一个指令周期加 2；如果是 SKZ 指令但 ACC 不等于 0，则指令顺序执行。图 3-27 是 CPU 各个模块的整体连接图。

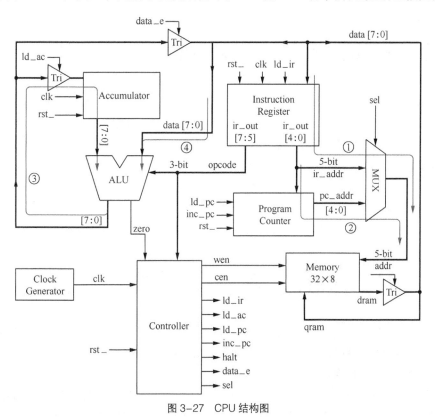

图 3-27 CPU 结构图

第 4 章

RISC_CPU RTL 级设计及仿真

前面几章讲述了 ASIC 设计流程、Verilog HDL 语法基础、RISC_CPU 基本原理及其相关设计流程。第 3 章完成了 8 位 RISC_CPU（以下简称 CPU）的结构设计，同时考虑了总体系统与模块、模块和模块之间的约束关系等，并结合自顶向下的设计流程，给出了其结构框图。本章对 CPU 的各个模块进行 RTL 级设计及仿真验证，最终通过 CPU 顶层电路，将各个功能模块连接在一起，完成一个 CPU 的完整设计。

4.1　RISC_CPU 设计流程

CPU 总体架构设计完成后，需要对 CPU 各个模块进行设计。根据上一章的论述，可知 CPU 分为多路选择器、程序计数器、存储器、算术逻辑单元、累加器、状态控制器等六个模块，整个设计过程还需要时钟单元进行时序的控制。完成整个 CPU 设计用到的 8 个 CPU 指令已在 3.3.7 小节中具体描述，这里不再赘述。

完成上述各个模块的设计之后，再根据系统架构将各个模块集成，最终完成整个 CPU 的设计。在 CPU 完成系统级仿真之后，可以选取控制器电路进行逻辑综合（本书第 5 章内容）和版图设计及验证（本书第 6 章内容）。

4.2　RTL 编译与仿真工具使用

本书中所有实验均在 Linux 系统上完成。读者如有需要，可自行选择连接 Linux 系统的连接工具，如 Xmanager。在系统设置时，每个用户需要创建自己的账号，这样每个用户均可在自己的账号中进行实验，以避免和其他用户混淆。

在进入系统开始 RTL 级设计实验之前，需要建立一个 ASIC 文件夹，并且按照实验内容，为每个实验单独建立一个子目录。例如为每个实验建立子目录 LAB*，目录结构如图 4-1 所示。

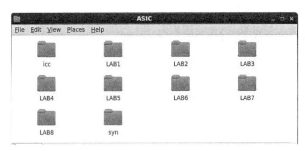

图 4-1 ASIC 文件夹目录结构

 Verilog HDL 语法部分请参考附录一，VCS（Verilog Compile Simulator）、ICC（Integrated Circuit Compiler）、DC（Design Compiler）、DVE（Digital Video Effect）等相关命令及功能说明请参考附录二，Linux 的基本命令请参考附录三，关于 vi 编辑器的命令请参考附录二。

在本章 RTL 级仿真实验中要用到的命令及功能说明如下。

VCS 是仿真和验证软件，主要用于 Verilog HDL 源代码的编译仿真。下面以 Synopsys 为例进行介绍。

命令一：vcs –full64 filetest1.v filename2.v –R 进行语法分析和仿真。其中，filetest1.v 表示激励文件，filename2.v 表示电路文件，两者顺序不可交换。

命令二：vcs –full64 –c submod.v 对子模块仅做语法分析。

命令三：vcs –full64 –c –f run.f 按批处理的方式做语法分析。

命令四：vcs –full64 –f run.f –R 按批处理的方式做仿真。

命令五：dve& 进入交互式仿真环境。

注：

–full64 选项表示强制选择 64 位操作系统。

–R 选项是告诉 VCS 在编译完成以后直接运行可执行文件，如果读者在编译的时候没有带上这个选项，编译完成以后 VCS 将直接退出，但是会发现在相应的目录下产生了一个可执行文件。

–c 表示只做语法分析。

–f filename 指定包含源文件列表和编译时选项的文件，包括 C 源文件和目标文件。

–I filename 指定 VCS 记录编译消息的文件。如果还输入–R 选项，则 VCS 会在同一文件中记录来自编译和模拟的消息。

–l filename 指定一个 VCS 产生的 log 文件名，如果还键入了–R 选项，那么在编译和仿真的时候会将 log 内容打印到 log 文件中。

+define 表示将源代码中的文本宏定义为值或字符串，可以使用'ifdef 编译器指令在 Verilog 源代码中测试此定义。如果字符串中有空格，则必须将其用引号括起来。

*run.f 是批处理文件，一般包含需要进行仿真的测试文件、电路文件和一些需要调用的库文件。*run.f 文件是在仿真调试过程中简化命令输入的一种方式。

以上所有 VCS 相关命令均可在 VCS 手册查看。

另外需要注意的一点是，工具在做完仿真后，会自动生成波形文件和一些记录文件及仿真报告，读者要重复观察已仿真的波形或仿真报告时，可以打开相关文件，不必重复仿真。

4.3 RTL 级设计与仿真

4.3.1 选择器设计

1. 实验目的

（1）掌握基本组合逻辑电路的实现方法。

（2）掌握二选一开关的基本原理及在 CPU 中的应用。

2. 实验原理

本实验设计一个可综合的二选一开关，图 4-2 为其结构示意图。通过前面对 CPU 结构的学习，并结合该示意图，可知二选一开关是组合逻辑电路，其功能实现如下：当 sel=0 时，则 out=a；当 sel=1 时，则 out=b。

在 Verilog HDL 中，描述组合逻辑时常使用 assign 结构。在组合逻辑中实现分支判断常使用的格式是 equal=(a==b)?1:0。

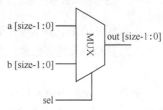

图 4-2 二选一开关结构示意图

3. 实验内容

根据二选一开关的基本原理，设计一个 8 位的二选一开关。以下是实验前的准备和实验典型范例（读者也可以自行设计，不要求与实验范例的代码一致）。

（1）实验操作提示

本实验请在./ASIC/LAB1 路径下完成，读者需创建的文件有电路文件 scale_mux.v 和电路测试文件 scale_mux_test.v（具体的创建文件等操作命令请参考附录二和附录三）。

（2）模块源代码示例

```
//---------------scale_mux.v -----------------
/*******************************
 * 2-TO-1 N-BIT WIDE SCALABLE MUX *
 *******************************/

module scale_mux (out, sel, b, a);

parameter size = 1;

output [size-1:0] out;
input [size-1:0] b, a;
input sel;

assign out = (!sel) ? a :
                      (sel) ? b :
                      {size{1'bx}};

endmodule
```

在设计编写好模块源代码之后，需要设计测试模块来检测模块设计得正确与否。测试代码需要给出模块的输入信号，观察模块的内部信号和输出信号；如果发现结果与预期的有所偏差，则要对设计模块源代码进行修改。

（3）测试模块源代码

```
/******************************
 * TEST BENCH FOR SCALABLE MUX *
 ******************************/

`define width 8
`timescale 1 ns / 1 ns   //定义时间单位

module mux_test;

reg  [`width:1] a, b;
wire [`width:1] out;
reg sel;

// Instantiate the mux.  Named mapping allows the designer to have freedom
// with the order of port declarations.  #8 overrides the parameter (NOT
// A DELAY), and gives the designer flexibility naming the parameter.

scale_mux #(`width) m1 (.out(out), .sel(sel), .b(b), .a(a));

initial
begin

// Display results to the screen, and store them in an SHM database
        $monitor($stime,,"sel=%b a=%b b=%b out=%b", sel, a, b, out);
        $dumpvars(2,mux_test);

// Provide stimulus for the design
sel=0; b={`width{1'b0}}; a={`width{1'b1}};
        #5 sel=0; b={`width{1'b1}}; a={`width{1'b0}};
        #5 sel=1; b={`width{1'b0}}; a={`width{1'b1}};
        #5 sel=1; b={`width{1'b1}}; a={`width{1'b0}};
        #5 $finish;

end
endmodule
```

运行仿真（仿真命令请参考附录二"语言级仿真命令"部分），仿真后的输出结果应如图 4-3 所示。

```
Chronologic VCS simulator copyright 1991-2011
Contains Synopsys proprietary information.
Compiler version E-2011.03; Runtime version E-2011.03;  Jun  5 10:47 2014

        0sel = 0 a = 11111111 b = 00000000 out = 11111111
        5sel = 0 a = 00000000 b = 11111111 out = 00000000
       10sel = 1 a = 11111111 b = 00000000 out = 00000000
       15sel = 1 a = 00000000 b = 11111111 out = 11111111
$finish called from file "mux_test.v", line 20.
$finish at simulation time             20
        V C S   S i m u l a t i o n   R e p o r t
Time: 20 ns
CPU Time:       0.500 seconds;        Data structure size:   0.0Mb
Thu Jun  5 10:47:23 2014
CPU time: .592 seconds to compile + .548 seconds to elab + .181 seconds to link
+ .609 seconds in simulation
```

图 4-3   二选一开关仿真结果图

① 由于模块 scale_mux.v 将用于以后的实验，请确保该模块仿真准确。

② 仿真结果与电路设计以及测试文件中的激励信号相关，因而得到仿真结果后，应分析输出结果是否正确；如果与设计的电路相符合，就是对的。不一定与教材给出的例子完全相同。

4.3.2 程序计数器设计

1. 实验目的

（1）掌握基本时序逻辑电路的实现。

（2）掌握程序计数器的基本工作原理及其在 CPU 中的应用。

2. 实验原理

本实验设计一个程序计数器，图 4-4 为程序计数器示意图。通过上一章有关程序计数器的基本原理的学习，并结合该示意图，可知程序计数器是一个时序逻辑电路，其功能实现如下：在时钟上升沿或下降沿处，如果置位信号 rst_ 为低电平，则输出 cnt 置 0；如果置位信号 rst_ 为高电平，当 load=1 时，输出 cnt 为总线上的数据，当 load=0 时，输出 cnt 自动增加 1。

图 4-4 程序计数器示意图

在 Verilog HDL 中，相对于组合逻辑电路，时序逻辑电路也有规定的表述方式。在可综合的 Verilog HDL 模型中，通常使用 always 块和@（posedge clk）或@（negedge clk）的结构来表述时序逻辑。

3. 实验内容

根据程序计数器的基本原理，设计一个 5 位程序计数器。下面给出实验典型范例（读者可以自行设计，不要求与实验范例的代码一致）中电路文件（counter.v）和电路测试文件（counter_test.v）的源代码。

（1）模块源代码

```
//  5-bit counter
`timescale 1 ns / 100 ps
module counter ( cnt, clk, data, rst_, load );

output [4:0] cnt ;
input  [4:0] data;
input        clk ;
input        rst_;
input        load;
reg    [4:0] cnt ;

always @ ( posedge clk or negedge rst_ )
if ( !rst_ )
      cnt <= 0;
else
      if ( load )
            cnt<= data;
else
            cnt<= cnt + 1;
endmodule
```

在 always 块中，被赋值的信号都必须定义为 reg 型，这是由时序逻辑电路的特点决定的。对于 reg 型数据，如果未对它赋值，仿真工具会认为它是不定态。为了能正确地观察到仿真结果，在可综合风格的模块中我们通常定义一个复位信号 rst_，当 rst_ 为低电平时，对电路中的寄存器进行复位。

请思考该电路中，rst_ 是同步清零端还是异步清零端？

（2）测试模块的源代码

在测试中，采用电路实际结果与预期结果相比较的方式，来对 Verilog HDL 所描述的电路进行调试，这也正是电路仿真的目的所在。

```
/********************************
 * TEST BENCH FOR 5-BIT COUNTER *
 ********************************/

`timescale 1 ns / 1 ns

module counter_test;

wire [4:0] cnt ;
reg  [4:0] data;
reg        rst_;
reg        load;
reg        clk ;

counter c1
(
.cnt(cnt),
.clk(clk),
.data(data),
.rst_(rst_),
.load(load)
);

initial begin
clk= 0;
forever begin
            #10 clk = 1'b1;
            #10 clk = 1'b0;
end
end

initial
begin
        $timeformat ( -9, 1, "ns ", 9 );
        $monitor("time = %t, data = %h, clk = %b, rst_ = %b, load = %b, cnt = %b",
        $stime, data, clk, rst_, load, cnt);
        $dumpvars(2,counter_test);
end

task expect;
input [4:0] expects;
if ( cnt !== expects ) begin
            $display ( "At time %t cnt is %b and should be %b",
                            $time, cnt, expects );
            $display ( "TEST FAILED" );
            $finish;
end
endtask

initial
begin
// SYNCHRONIZE INTERFACE TO INACTIVE CLOCK EDGE
@(negedge clk)
// RESET
        {rst_, load, data} = 7'b0_X_XXXXX; @(negedge clk) expect(5'h00);
// LOAD 1D
        {rst_, load, data} = 7'b1_1_11101; @(negedge clk) expect(5'h1D);
// COUNT +5
        {rst_, load, data} = 7'b1_0_11101;
repeat(5) @(negedge clk);
```

```
expect(5'h02);
// LOAD 1F
        {rst_, load, data} = 7'b1_1_11111; @(negedge clk) expect(5'h1F);
// RESET
        {rst_, load, data} = 7'b0_X_XXXXX; @(negedge clk) expect(5'h00);
        $display ( "TEST PASSED" );
        $finish;
    end
endmodule
```

（3）实验操作提示

实验时具体运行仿真命令（请参考附录二），仿真最后若能看到 TEST PASSED 字样，则说明仿真通过。

注 意

由于该模块中的 counter.v 文件将用于 CPU 电路调用，请确保该模块仿真准确。

4.3.3 指令寄存器设计

1. 实验目的

（1）掌握基本时序逻辑电路的设计原理。

（2）掌握寄存器的基本原理及其在 CPU 中的应用。

2. 实验原理

本实验是设计一个寄存器，图 4-5 为寄存器的结构框图。通过上一章对寄存器的基本原理的学习，并结合寄存器的框图，可知每一位寄存器由一个二选一 MUX 和一个触发器 dffr 组成，其功能实现如下：当 load=1 时，装载数据；当 load=0 时，寄存器保持。对于处理重复逻辑的电路，可用数组来描述。其中，mux.v 和 dffr.v 的电路文件在 cells_lib 库文件中给出，具体代码附在本实验后。

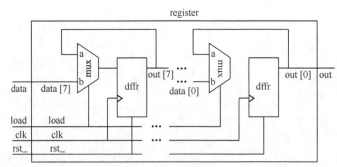

图 4-5 寄存器结构图

3. 实验内容

根据寄存器的基本原理，设计一个寄存器。下面给出实验前的准备和实验典型范例（本实验范例需要读者自行添加一部分代码）。

（1）实验准备

在该实验子目录中需要设计电路文件 register.v、电路测试文件 register_test.v、一个周期为 20ns的时钟电路 clock.v、一个批处理文件 run.f 和一个 cells_lib 库文件夹。其中 run.f 文件的内容如下：

```
// run.f
register_test.v
register.v
clock.v
-y cells_lib
+libext+.v  //调用库目录及.v文件
```

目录结构如图 4-6 所示。

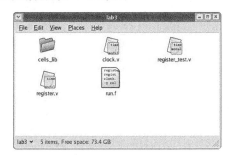

(a) register 目录 　　　　　　　　　　　　　　　(b) cells-lib 目录

图 4-6　目录结构

在 cells-lib 目录下有 mux.v 和 dffr.v 两个模块文件。

```
mux.v:
`timescale 1 ns / 1 ns
`celldefine

module mux ( out, sel, b, a );

    output out;
    input  sel;
    input  b;
    input  a;
    not ( sel_ , sel );
    and ( selb , sel  , b );
    and ( sela , sel_ , a );
    or  ( out  , selb , sela );
endmodule
`endcelldefine

dffr.v:
  /*************
   * D FLIPFLOP *
   *************/
  `timescale 1 ns / 1 ns
  `celldefine

  module dffr ( q, q_, d, clk, rst_ );
          output    q;
          output    q_;
          input     d;
          input     clk;
          input     rst_;

          nand n1 ( de, dl, qe );
          nand n2 ( qe, clk, de, rst_ );
          nand n3 ( dl, d, dl_, rst_ );
          nand n4 ( dl_, dl, clk, qe );
          nand n5 ( q, qe, q_ );
          nand n6 ( q_, dl_, q, rst_ );
```

```
endmodule
`endcelldefine
```

（2）实验典型范例

电路文件: register.v

```
/*****************
 * 8-bit REGISTER *
 *****************/

`timescale 1 ns / 1 ns

module register ( out, data, load, clk, rst_ );

output [7:0] out ;
input  [7:0] data;
input        load;
input        clk ;
input        rst_;

wire [7:0] n1, n2;

//   自行添加 dffr 及 mux 模块调用代码

endmodule
```

注 意 由于该模块（register.v）将用于以后的实验，请确保该模块仿真准确。

（3）测试模块代码（register_test.v）

```
/********************************
 * TEST BENCH FOR 8-BIT REGISTER *
 ********************************/
`timescale 1 ns / 1 ns
module register_test;

  wire [7:0] out ;
  reg  [7:0] data;
  reg        load;
  reg        rst_;
// 自行添加以下代码
// Instantiate register

// Instantiate clock

// Monitor signals




// Apply stimulus

   initial
      begin
// INSERT STIMULUS HERE
/*To prevent clock/data races,ensure that you don't transition the stimulus on the
active(positive)edge of the clock */
```

```
    @ ( negedge clk ) // Initialize signals
      rst_  = 0;
      data = 0;
      load = 0;

    @ ( negedge clk ) // Release reset
      rst_  = 1;

    @ ( negedge clk ) // Load hex 55
      data = 'h55;
      load = 1;

    @ ( negedge clk ) // Load hex AA
      data = 'hAA;
      load = 1;
    @ ( negedge clk ) // Disable load but register
      data = 'hCC;load = 0;
    @ ( negedge clk ) // Terminate simulation
      $finish;
  end
endmodule
```

（4）实验仿真结果

运行仿真命令（可使用批处理文件仿真命令，请参考附录二"语言级仿真命令"部分内容），仿真后，输出结果应如图 4-7 所示。

```
Chronologic VCS simulator copyright 1991-2011
Contains Synopsys proprietary information.
Compiler version E-2011.03; Runtime version E-2011.03;  Jun  5 10:56 2014
time =      0.0ns,clk = 0,data = xx,load = x,out = xx
time =     10.0ns,clk = 1,data = xx,load = x,out = xx
time =     20.0ns,clk = 0,data = 00,load = 0,out = 00
time =     30.0ns,clk = 1,data = 00,load = 0,out = 00
time =     40.0ns,clk = 0,data = 00,load = 0,out = 00
time =     50.0ns,clk = 1,data = 00,load = 0,out = 00
time =     60.0ns,clk = 0,data = 55,load = 1,out = 00
time =     70.0ns,clk = 1,data = 55,load = 1,out = 55
time =     80.0ns,clk = 0,data = aa,load = 1,out = 55
time =     90.0ns,clk = 1,data = aa,load = 1,out = aa
time =    100.0ns,clk = 0,data = cc,load = 0,out = aa
time =    110.0ns,clk = 1,data = cc,load = 0,out = aa
$finish called from file "register_test.v", line 52.
$finish at simulation time   120.0ns
             V C S   S i m u l a t i o n   R e p o r t
Time: 120 ns
CPU Time:     0.870 seconds;      Data structure size:    0.0Mb
```

图 4-7　寄存器仿真结果图

测试文件中不同的激励会得到不同的结果，请对比激励数据，推断你的设计是否正确。

注意

4.3.4　算术逻辑单元设计

1．实验目的

（1）掌握用 always 实现组合逻辑电路的方法。

（2）了解 assign 与 always 两种组合逻辑电路实现方法之间的区别。

（3）掌握 ALU 的基本原理及其在 CPU 中的应用。

2．实验原理

本实验是设计一个算术逻辑单元（ALU），图 4-8 为 ALU 的结构示意图。通过上一章对 ALU 的基本原理的学习，并结合 ALU 的框图，设计一个模块名为 alu.v 的运算器电路，其功能实现见表 4-1。

表 4-1　操作码与功能实现对照表

opcode	mnemonic	operation
0	PASSA	pass accumulator
1	PASSA	pass accumulator
2	ADD	data+accumulator
3	AND	data&accumulator
4	XOR	data^accumulator
5	PASSD	pass data
6	PASSA	pass accumulator
7	PASSA	pass accumulator
其他		out=8'bx

当 accum=0 时，zero=1；否则 zero=0。

仅使用 assign 结构来实现组合逻辑电路，在设计中会发现很多地方显得冗长且效率低下。而适当地采用 always 结构来设计组合逻辑，往往会更具实效。在前面的范例和练习中，我们仅在实现时序逻辑电路时使用了 always 块。

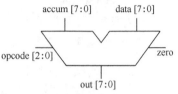

图 4-8　ALU 结构示意图
（alu.v 模块的管脚及类型定义）

图 4-8 是一个简单的 ALU 指令译码电路的设计示例。该电路通过对指令的判断，对输入数据执行相应的操作，包括加、与、或和传数据，并且无论是指令作用的数据还是指令本身发生变化，结果都会做出及时的反应。显然，这是一个较为复杂的组合逻辑电路，如果采用 assign 语句实现，表达起来将非常复杂。示例中使用了电平敏感的 always 块，所谓电平敏感的触发条件，是指@后的括号内电平列表中的任何一个电平发生变化（与时序逻辑不同，它在@后的括号内没有沿敏感关键词，如 posedge 或 negedge）都能触发 always 块的动作，并且运用了 case 结构来进行分支判断，不但设计思想得到直观的体现，而且代码看起来非常整齐、便于理解。

同一组合逻辑电路分别用 always 块和连续赋值语句 assign 描述时，代码的形式大相径庭，但是在 always 中适当运用 default（在 case 结构中）和 else（在 if…else 结构中），通常可以综合为纯组合逻辑，尽管被赋值的变量一定要定义为 reg 型。不过，如果不使用 default 或 else 对缺省项进行说明，则容易生成意想不到的锁存器，这一点一定要加以注意。

3．实验内容

根据 ALU 的基本原理，设计一个逻辑运算单元 alu.v 及电路测试文件 alu_test.v。下面列出实验典型范例（本次实验范例需要读者自行添加一部分代码）。

（1）源模块代码

```
`timescale 1ns/100ps
module alu(out, zero, opcode, data, accum);
input [7:0] data, accum;
input [2:0] opcode;
output zero;
output [7:0] out;
reg [7:0] out;
reg zero;
```

```
parameter PASS0 = 3'b000,
          PASS1 = 3'b001,
          ADD = 3'b010,
          AND = 3'b011,
          XOR = 3'b100,
          PASSD = 3'b101,
          PASS6 = 3'b110,
          PASS7 = 3'b111;

//请自行添加电路的描述部分

endmodule
```

注　意　　由于该模块（alu.v）将用于以后的实验，请确保该模块仿真准确。

　　在 alu.v 的测试文件中，采用任务调用的方式，将预期结果与实际结果进行比较，当结果一致时，仿真就通过，否则就失败。

　　（2）测试源代码

```
/***********************
 * TEST BENCXH FOR ALU *
 ***********************/

`timescale 1 ns / 1 ns

// Define the delay from stimulus to response check
`define DELAY    20


module alu_test;

  wire [7:0] out;
  reg  [7:0] data;
  reg  [7:0] accum;
  reg  [2:0] opcode;
  integer    i;


// Define opcodes
  parameter PASS0 = 3'b000,
            PASS1 = 3'b001,
            ADD = 3'b010,
            AND = 3'b011,
            XOR = 3'b100,
            PASSD = 3'b101,
            PASS6 = 3'b110,
            PASS7 = 3'b111;
// Instantiate the ALU.
// Use explicit port mapping.

  alu alu1
(
.out(out),
.zero(zero),
.opcode(opcode),
.data(data),
.accum(accum)
```

```
  );
// Monitor signals
  initial
    begin
      $display ( "<------------ INPUTS ------------><-OUTPUTS->" );
      $display ( " TIME   OPCODE DATA IN  ACCUM IN ALU OUT  ZERO BIT" );
      $display ( "--------- ------ -------- -------- -------- --------" );
      $timeformat ( -9, 1, " ns", 9 );
      $dumpvars(2,alu_test);
    end
// Verify response
  task expect;
  input [8:0] expects;
    begin
      $display("%t %b    %b %b %b %b", $time, opcode, data, accum, out, zero );
      if ( {zero,out} !== expects )
        begin
          $display ( "At time %t: zero is %b and should be %b, out is %b and should be %b",
                     $time, zero, expects[8], out, expects[7:0] );
          $display ( "TEST FAILED" );
          $finish;
        end
    end
  endtask
// Apply stimulus
  initial
    begin
{opcode,accum,data} = {PASS0,8'h00,8'hFF}; #(`DELAY) expect({1'b1,accum});
{opcode,accum,data} = {PASS0,8'h55,8'hFF}; #(`DELAY) expect({1'b0,accum});
{opcode,accum,data} = {PASS1,8'h55,8'hFF}; #(`DELAY) expect({1'b0,accum});
{opcode,accum,data} = {PASS1,8'hCC,8'hFF}; #(`DELAY) expect({1'b0,accum});
{opcode,accum,data} = {ADD  ,8'h33,8'hAA}; #(`DELAY) expect({1'b0,accum+data});
{opcode,accum,data} = {AND  ,8'h0F,8'h33}; #(`DELAY) expect({1'b0,accum&data});
{opcode,accum,data} = {XOR  ,8'hF0,8'h55}; #(`DELAY) expect({1'b0,accum^data});
{opcode,accum,data} = {PASSD,8'h00,8'hAA}; #(`DELAY) expect({1'b1,data});
{opcode,accum,data} = {PASSD,8'h00,8'hCC}; #(`DELAY) expect({1'b1,data});
{opcode,accum,data} = {PASS6,8'hFF,8'hF0}; #(`DELAY) expect({1'b0,accum});
{opcode,accum,data} = {PASS7,8'hCC,8'h0F}; #(`DELAY) expect({1'b0,accum});
      $display("TEST PASSED");
      $finish;
    end

endmodule
```

（3）实验结果

运行仿真命令（请参考附录二），仿真后，若在仿真最后看到 TEST PASSED 字样，则说明仿真通过。

4.3.5 存储器设计

1. 实验目的

（1）掌握存储器存储程序和数据的双向读写的基本工作原理。

（2）掌握存储器在 CPU 中的应用。

2. 实验原理

本实验是设计一个存储器，图 4-9 为存储器的结构框图。通过上一章对存储器的基本原理的学习，并结合存储器的框图，可知存储器模型具有双向数据总线及异步处理功能。当 read 为高电平时，读出 memory 的数据到 data 总线上；在 write 的上升沿，将 data 总线上的数据写入 memory。

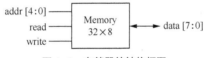

图 4-9　存储器的结构框图

3．实验内容

根据存储器的基本原理，设计一个 8 位存储器 mem.v 和电路测试文件 mem_test.v。下面给出实验典型范例（本次实验范例需要读者自行添加一部分代码）。

（1）源模块代码

```
/***************
 * 32X8 MEMORY *
 ***************/

`timescale 1 ns / 1 ns

module mem ( data, addr, read, write );
inout [7:0] data ;
input [4:0] addr ;
input read ;
input write;

reg [7:0] memory [0:31];
/*添加代码，当 read 为高电平时，读出 memory 的数据到 data 总线上；在 write 的上升沿，将 data 总线上的
数据写入 memory。*/

endmodule
```

注意　由于该模块（mem.v）将用于以后的实验，请确保该模块仿真准确。

（2）测试模块代码

```
/************************
 * TEST BENCH FOR MEMORY *
 ************************/

`timescale 1 ns / 1 ns

module mem_test;

  reg read ;
  reg write;
  reg [4:0] addr ;
  reg [7:0] dreg;
  wire [7:0] data=(!read)?dreg:8'hZ;
  integer i ;

// Instantiate memory submodule

  mem m1 ( .data(data), .addr(addr), .read(read), .write(write) );
```

```
// Monitor signals

  initial
    begin
      $timeformat ( -9, 1, " ns", 9 );
      $display(" TIME   ADDR WR RD  DATA ");
      $display("--------- ----- -- -- --------");
      $monitor ( "%t %b %b  %b  %b", $time, addr, write, read, data );
      $dumpvars(2,mem_test);
    end

// Define write task

  task write_val;
  input [4:0] addr;
  input [7:0] data;
    begin
      mem_test.addr = addr;
      mem_test.dreg= data;
      #1 write = 1;
      #1 write = 0;
    end
  endtask

// Define read task

  task read_val;
  input [4:0] addr;
  input [7:0] data;
    begin
      mem_test.addr = addr;
      mem_test.read = 1;
      #1 if ( mem_test.data !== data )
            begin
              $display ( "At time %t and addr %b,  data is %b and should be %b",
                           $time, addr, mem_test.data, data );
              $display ( "TEST FAILED" );
              $finish;
            end
      #1 read = 0;
    end
  endtask

// Apply stimulus

  initial
    begin
      // INITIALIZE CONTROL SIGNALS
      write = 0; read = 0;
      // 请注意 memory 的工作方式，必须先写入数据，然后才能读出
      // WRITE DATA = ADDR
      for ( i=0; i<=31; i=i+1 )
         write_val ( i, i );
      // READ DATA = ADDR
      for ( i=0; i<=31; i=i+1 )
         read_val ( i, i );
      $display ( "TEST PASSED" );
      $finish;
    end

endmodule
```

（3）实验结果

运行仿真命令（请参考附录二"语言级仿真命令"部分），仿真最后若看到 TEST PASSED 字样，则说明仿真通过。

4.3.6　设计时序逻辑时采用阻塞赋值与非阻塞赋值的区别

1. 实验目的
（1）明确掌握阻塞赋值与非阻塞赋值的概念和区别。

（2）了解阻塞赋值的应用场景。

2. 实验原理

我们已经了解了阻塞赋值与非阻塞赋值在语法上的区别以及综合后所得到的电路结构的区别。在 always 块中，阻塞赋值可以理解为赋值语句是顺序执行的，而非阻塞赋值可以理解为赋值语句是并发执行的。在实际的时序逻辑设计中，一般的情况下更多地使用非阻塞赋值语句，但有时为了在同一周期实现相互关联的操作，也会使用阻塞赋值语句（注意：在实现组合逻辑的 assign 结构中，无一例外地都必须采用阻塞赋值语句）。

下面分别采用阻塞赋值语句和非阻塞赋值语句实现看上去非常相似的两个电路模块 blocking.v 和 non_blocking.v，来阐明两者之间的区别。另外，请读者观察由此所产生的电路的差异。

3. 实验内容
（1）模块源代码

```
// ------------  blocking.v ---------------

module blocking(clk, a, b, c);
  output [3:0] b, c;
  input  [3:0] a;
  input      clk;
  reg   [3:0] b, c;
  always @(posedge clk)
begin
    b = a;
    c = b;
    $display("Blocking: a = %d, b = %d, c = %d.", a, b, c);
end
endmodule


//------------  non_blocking.v -------------------
module non_blocking(clk, a, b, c);

  output [3:0] b, c;
  input  [3:0] a;
  input      clk;
  reg   [3:0] b, c;

  always @(posedge clk)
  begin
    b <= a;
    c <= b;
    $display("Non_Blocking: a = %d, b = %d, c = %d.", a, b, c);
  end

endmodule
```

（2）测试模块源代码

```
//------------- compareTop.v ----------------------------

`timescale 1ns/100ps
module compareTop;

  wire [3:0] b1, c1, b2, c2;
  reg  [3:0] a;
  reg        clk;

  initial
  begin
    clk = 0;
    forever #50 clk = ~clk;
  end

  initial
    $dumpvars(2, compareTop);

  initial

  begin
    a = 4'h3;
    $display("_____");
    # 100 a = 4'h7;
    $display("_____");
    # 100 a = 4'hf;
    $display("_____");
    # 100 a = 4'ha;
    $display("_____");
    # 100 a = 4'h2;
    $display("_____");
    # 100 $display("_____");
    $finish;
  end
  non_blocking non_blocking(clk, a, b2, c2);
  blocking     blocking(clk, a, b1, c1);

endmodule
```

（3）实验仿真结果

运行仿真命令（仿真命令及查看仿真波形的命令请参考附录二），仿真波形（部分）如图 4-10 所示。

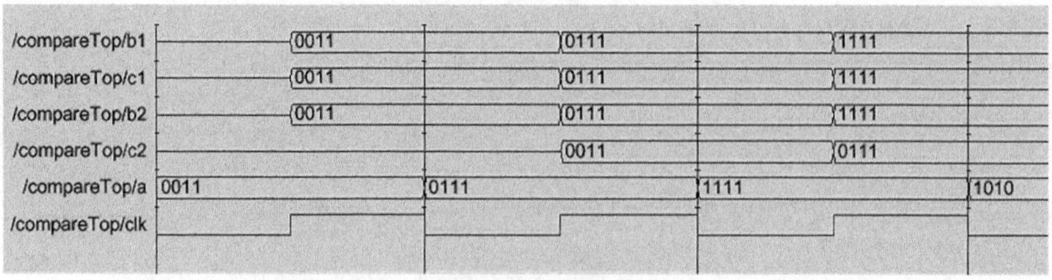

图 4-10　阻塞与非阻塞仿真结果图

（4）实验思考

在 blocking 模块中按如下代码改写，仿真与综合的结果会有什么样的变化？做出仿真波形，分析综合结果。

```
① always @(posedge clk)
      begin
          c = b;
          b = a;
      end

② always @(posedge clk)
      b=a;
always @(posedge clk)
      c=b;
```

4.3.7 状态控制器设计

1. 实验目的

（1）掌握利用有限状态机（Finite-State Machine，FSM）实现复杂时序逻辑的方法。

（2）掌握状态控制器的基本原理及其在 CPU 中的应用。

2. 实验原理

本实验是设计一个状态控制器，图 4-11 是状态控制器的结构框图。通过上一章对状态控制器的基本原理的学习，并结合状态控制器的结构框图，可知状态控制器是 CPU 的控制核心，用于产生一系列的控制信号，启动或停止某些部件。CPU 何时读指令，何时进行 RAM 和 I/O（Input/Output）端口的读写等操作，都由控制器来控制。

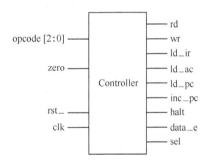

图 4-11　状态控制器的结构框图

控制器按照指令变量 opcode 和 ALU 来的 zero 标志可以完成如表 4-2 所示操作。

表 4-2　控制器指令变量操作对应表

opcode	助记符	操作
0	HLT	halt
1	SKZ	skip if zero true
2	ADD	data+accumulator
3	AND	data&accumulator
4	XOR	data^accumulator
5	LDA	load accumulator
6	STO	store accumulator
7	JMP	jump to address

本状态控制器由 8 个时钟周期组成，前 4 个时钟周期从存储器取数据，后 4 个时钟周期发出不同的控制信号来控制指令的执行。控制器在 8 个时钟周期内完成指令的获取和执行，并按照指令变量 opcode 和 alu 来的 zero 标志产生以下控制信号，其时序关系如图 4–12 和表 4–3 所示。

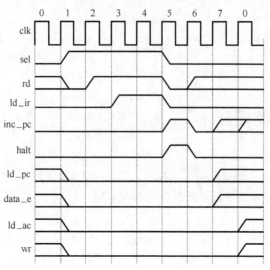

图 4–12　控制信号时序关系

表 4-3　控制信号时序关系

clk	1	2	3	4	5	6	7	0
sel	1	1	1	1	0	0	0	0
rd	0	1	1	1	0	aluop	aluop	aluop
ld_ir	0	0	1	1	0	0	0	0
inc_pc	0	0	0	0	1	0	SKZ&zero	SKZ&zero|JMP
halt	0	0	0	0	HLT	0	0	0
ld_pc	0	0	0	0	0	0	JMP	JMP
data_e	0	0	0	0	0	0	!aluop	!aluop
ld_ac	0	0	0	0	0	0	0	aluop
wr	0	0	0	0	0	0	0	STO

其中，当执行 ADD、AND、XOR 和 LDA 指令时，aluop=1。

在数字电路中通过建立有限状态机来进行数字逻辑的设计，而在 Verilog HDL 硬件描述语言中，这种设计方法得到进一步的发展。通过 Verilog HDL 提供的语句，可以设计出更为复杂的时序逻辑电路。使用硬件描述语言设计状态机时，最好是将时序状态和组合控制部分分开。

3. 实验准备

由于状态机是比较重要的内容，给出上述例子只是为了便于读者进一步理解，并不包含在 CPU 设计之内。本实验先以一个串行数据检测器的设计为例，掌握有限状态机的设计。要求：有连续 2 个或 2 个以上的 1 时输出为 1，其他输入情况下输出为 0。模块源代码如下：

```
//-------------FSM example-----------------

module fsm(out, in, clk, rst);
```

```
output out;
input in, clk, rst;
reg [1:0] current_state, next_state;  //状态
always @(posedge clk or posedge rst)  // 时序控制部分
if (rst) begin
            current_state=0;
            next_state=0;
            out=0;
             end
    else current_state=next_state;
always @(in or current_state)  // 状态控制部分
    case (current_state)
    0: begin next_state<=in?1:0; out=0; end
    1: begin  next_state<=in?2:0; out=0; end
    2: begin  next_state<=in?2:0; out=1; end
    endcase
endmodule
```

当输入 in=01110 时，观察其输出波形。

4. 实验内容

根据状态控制器的基本原理，设计状态控制器 control.v 和电路测试文件 control_test.v。下面是实验典型范例（本次实验范例需要读者自行添加一部分代码）的模块源代码。

```
/**************
 * CONTROLLER *
 **************/
`timescale 1 ns / 1 ns
`define  HLT   3'b000
`define  SKZ   3'b001
`define  ADD   3'b010
`define  AND   3'b011
`define  XOR   3'b100
`define  LDA   3'b101
`define  STO   3'b110
`define  JMP   3'b111
module control
(
rd,
wr,
ld_ir,
ld_ac,
ld_pc,
inc_pc,
halt,
data_e,
sel,
opcode,
zero,
clk,
rst_
);

output     rd;
output     wr;
output     ld_ir;
```

```verilog
output      ld_ac;
output      ld_pc;
output      inc_pc;
output      halt;
output      data_e;
output      sel;
input [2:0] opcode;
input       zero;
input       clk;
input       rst_;

reg         rd;
reg         wr;
reg         ld_ir;
reg         ld_ac;
reg         ld_pc;
reg         inc_pc;
reg         halt;
reg         data_e;
reg         sel;
reg [2:0] nexstate;
reg [2:0] state;

always @ (posedge clk or negedge rst_)
    if(!rst_)
    state<=3'b000;
    else
    state<=nexstate;

//请补充状态转移的代码

always @ (opcode or state or zero)
begin:blk
reg alu_op;
alu_op = opcode==`ADD||opcode==`AND||opcode==`XOR||opcode==`LDA;

//请补全剩余代码

endmodule
```

为了保证控制器工作的准确，在本书的配套资源中，给出了测试激励信号文件 stimulus.pat 正确的响应结果文件 response.pat，读者可以用复制命令（请参考附录三）将它们复制到自己的当前目录下。理解其中的内容。读者最好自己设计控制器的电路测试文件 control_test.v。在该测试文件中，可以采用任务调用的方式，将预期结果与实际结果进行比较。当结果一致时，仿真就通过，否则就失败。

在设计测试文件时请注意以下几点。

① 该电路在时钟的上升沿工作，所以应在时钟的下降沿加激励。

② 该电路在 rst_=0 时清零。

③ 因为该电路每八拍时钟执行一条指令，所以每次应该在 ld_ir 上升沿到来时把新的指令加给电路，这些指令在 stimulus.pat 文件中。将 stimulus.pat 文件中的激励信号加给被测试电路，在测试文件中，可以定义一个存储器变量（假设为 stimus），用$readmemb("stimulus.pat",stimus)语句将激励

信号文件 stimulus.pat 赋给存储器变量 stimus，然后再将存储器变量 stimus 赋给{opcode，zero}。

注 意 由于该模块（control.v）将用于以后的实验，请确保该模块仿真准确。

4.3.8 CPU 集成设计及验证

1．实验目的
（1）学习并使用层次化、结构化设计方法。
（2）掌握 CPU 的基本原理与设计思想。

2．实验原理
现代硬件系统的设计过程与软件系统的开发过程相似，一个大规模的集成电路往往由模块多层次的引用和组合构成。层次化、结构化的设计过程使复杂的系统更容易控制和调试。在 Verilog HDL 中，上层模块引用下层模块与 C 语言中的程序调用类似，被引用的子模块作为其父模块的一部分被综合，形成相应的电路结构。在进行模块实例引用时，必须注意模块之间的端口对应，即子模块的端口与父模块的内部信号必须明确无误地一一对应，否则容易产生意想不到的错误。

根据第 3 章介绍的 8 位 RSIC_CPU 系统的设计，完成上述实验涉及的独立逻辑部件的设计。其连接关系如图 4-13 所示。

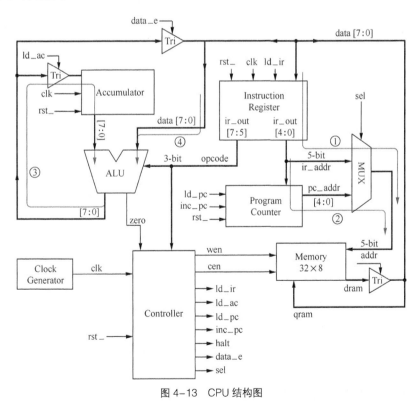

图 4-13 CPU 结构图

3．实验内容
本实验根据 CPU 结构图，设计出顶层电路文件 cpu.v、电路测试文件 cpu_test.v 和时钟电路文件

clock.v，复制指令寄存器设计实验中 cells_lib 库文件夹下的所有文件到本实验目录下，编写批处理文件 run.f，用于仿真。在 CPU 设计完成后，请设计出用于测试 CPU 功能的测试文件以遍历检查 CPU 指令集，保证指令工作正确。在本书的配套电子文档中，给出相应的设计案例及 CPUtest1.dat、CPUtest2.dat 和 CPUtest3.dat 三个 CPU 测试文件。其中 run.f 文件的内容如下：

```
// run.f
cpu_test.v
cpu.v
clock.v
-y cells_lib
+libext+.v    //调用库目录及.v 文件
```

目录结构应如图 4-14 和图 4-15 所示。

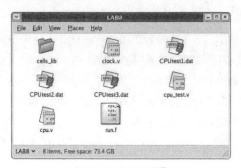

图 4-14　LAB8 目录

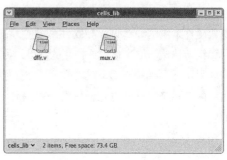

图 4-15　cells-lib 目录

cpu.v 程序如下：

```
/*******
 * CPU *
 *******/
`timescale 1 ns / 1 ns
module cpu
(
rst_
);

input rst_;
   wire [7:0] data;
   wire [7:0] alu_out;
   wire [7:0] ir_out;
   wire [7:0] ac_out;
   wire [4:0] pc_addr;
   wire [4:0] ir_addr;
   wire [4:0] addr;
   wire [2:0] opcode;

   assign opcode = ir_out[7:5];
   assign ir_addr = ir_out[4:0];


//Instantiate design components

  control ctl1  // 实例化控制模块
(
.rd(rd),
.wr(wr),
.ld_ir(ld_ir),
```

```
.ld_ac(ld_ac),
.ld_pc(ld_pc),
.inc_pc(inc_pc),
.halt(halt),
.data_e(data_e),
.sel(sel),
.opcode(opcode),
.zero(zero),
.clk(clock),
.rst_(rst_)
);

  alu alu1          // 实例化 ALU
(
.out(alu_out),
.zero(zero),
.opcode(opcode),
.data(data),
.accum(ac_out)
);

  register ac       // 实例化累加器
(
.out(ac_out),
.data(alu_out),
.load(ld_ac),
.clk(clock),
.rst_(rst_)
);

  register ir       // 实例化 IR 寄存器
(
.out(ir_out),
.data(data),
.load(ld_ir),
.clk(clock),
.rst_(rst_)
);

  scale_mux #5 smx  // 实例化 mux
(
.out(addr),
.sel(sel),
.b      (pc_addr),
.a      (ir_addr)
);

  mem mem1          // 实例化存储器
(
.data(data),
.addr(addr),
.read(rd),
.write(wr)
);

  counter pc        // 实例化程序计数器
(
.cnt(pc_addr),
.data(ir_addr),
.load(ld_pc),
.clk(inc_pc),
.rst_(rst_)
```

```
);

  clkgen      clk  // 实例化时钟源
(
.clk(clock)
);

//Glue logic
  assign data = (data_e) ? alu_out: 8'bz;

endmodule
```

4. 实验结果

用命令 "vcs –full64 –f run.f –R –debug" 进行仿真。

以下给出三个 CPU 测试文件，目的是尽量全面地测试出 CPU 的各个模块功能是否工作正常。

输入 "ucli%>call test(1); run"，运行 CPUtest1.dat 测试文件。

```
/*****************************************************************
 * This diagnostic program tests the basic instruction set of the VeriRisc
 * system.  If the system executes each instruction correctly, then it should
 * halt when the HLT instruction at address 17(hex) is executed(HALTED AT PC=17)
 * If the system halts at any other location, then an instruction did not
 * execute properly.  Refer to the comments in this file to see which
 * instruction failed.
 * 该诊断程序测试 VeriRisc 系统的基本指令集。如果系统能正确执行每条指令，那么它应该在执行地址 17
 *（十六进制）的 HLT 指令时停止（HALTED AT PC = 17）。如果系统在任何其他位置停止，则表示指令未能正
 * 确执行。请参阅此文件中的注释以查看是哪条指令失败。
 *****************************************************************/
```

输入 "ucli%>call test(2); run"，运行 CPUtest2.dat 测试文件。

```
/*****************************************************************
 * This diagnostic program tests the advanced instruction set of the VeriRisc
 * system.  If the system executes each instruction correctly, then it should
 * halt when the HLT instruction at address 10(hex) is executed(HALTED AT PC=10).
 * 该诊断程序测试 VeriRisc 系统的高级指令集。如果系统能正确执行每条指令，那么它应该在执行地址 10
 *（十六进制）的 HLT 指令时（HALTED AT PC = 10）停止。
 *
 * If the system halts at any other location, then an instruction did not
 * execute properly.  Refer to the comments in this file to see which
 * instruction failed.
 * 如果系统在任何其他位置停止，则表示指令未能正确执行。请参阅此文件中的注释以查看是哪条指令失败。
 *****************************************************************/
```

输入 "ucli%>call test(3); run"，运行 CPUtest3.dat 测试文件。

```
/*****************************************************************
 * This is an actual program that calculates the Fibonacci number sequence
 * from 0 to 144.  The Fibonacci number sequence is a series of numbers in
 * which each number in the sequence is the sum of the preceding two numbers
 * (i.e.: 0, 1, 1, 2, 3, 5, 8, 13 ...).  This number sequence is often used
 * in financial analysis, and can also be found in the patterns of pineapple
 * shells, rabbit multiplication,  and some flower petals.
 * The ratio of each number in the sequence to the previous one
 * approaches a constant known as the "Golden Ratio".
 * 这是一个计算 Fibonacci 数字序列（从 0 到 144）的实际程序。Fibonacci 数字序列是一系列数字，其中序
 * 列中的每个数字是前两个数字之和（即 0，1，1，2，3，5，8，13...）。
 * Fibonacci 数字序列通常用于财务分析，也可以在兔子繁殖和一些花瓣的模式中找到。
 * 序列中每个数字与前一个数字的比率接近称为"黄金比率"的常数。
 *****************************************************************/
```

　　运行以上文件，应显示如下结果：

```
0
1
1
2
3
5
8
13
21
34
55
89
144
HALTED AT PC=0C
```

　　检测结束后，如需要退出仿真程序，应调用命令"finish;"。

　　课后思考：

　　请读者在运行完这三个测试文件后，继续以下工作。

　　（1）确认你设计的 CPU 在语言级仿真时功能正确，能顺利完成此三项测试。

　　（2）认真读懂 cpu_test.v 和三个 CPU 测试文件（CPUtest1.dat、CPUtest2.dat、CPUtest3.dat）。

　　（3）分析这三个测试文件测试了 CPU 的哪几个功能。如果你的设计不能顺利通过这三项测试，请返回去检查前面的电路设计和测试文件，直到通过为止。

　　（4）请参照已给出的测试文件，设计一个能够尽可能遍历 CPU 所有功能的 CPUtest*.dat 文件，将文件命名为 CPUtest4.dat 或 CPUtest5.dat。要求文件编写规范，有相应的注释，但不要覆盖前三个文件。

第 5 章

电路综合

电路的 RTL 设计和功能验证完成后，利用综合工具和厂家的逻辑库对电路进行逻辑综合，可以获得与特定工艺相关的门级网表。

▌ 5.1 逻辑综合

5.1.1 逻辑综合定义

逻辑综合是指使用综合工具，根据芯片制造商提供的基本电路单元库，将硬件描述语言描述的 RTL 级电路转换为电路门级网表的过程。根据系统逻辑功能与性能的要求，在包含众多结构、功能、性能已知的逻辑元件的单元库的支持下，逻辑综合工具寻找出一个逻辑网络结构的最佳实现方案，即在满足电路功能、速度及面积等条件下，将行为级描述转化为指定的技术库中单元电路的连接。

逻辑综合在综合工具内部一般分为两步：编译和优化。

（1）编译：RTL 描述的通用转换，也就是说与工艺不相关并且尚未优化的电路。

（2）优化：将通用的网络使用特定工艺单元进行门级映射，结果必须符合器件面积和速度的需要。

5.1.2 数字同步电路模型

一个单一时钟的电路可以用图 5-1 所示的电路模型进行表示。

在这个模型中，信号从输入端经过组合电路 N 到达第一个寄存器 FF2，寄存器 FF2 的输出经过组合电路 X 到达第二个寄存器 FF3，第二个寄存器 FF3 的输出经过组合电路 S 到达输出端口。另外，还可能有信号直接经过组合电路 F 到达输出端口。上述组合电路中的 N、X、S、F 均可以简化为一根互连线。在比较复杂的电路中，可能包含多个时钟，在进行电路分析时需要考虑不同时钟域之间的关系。图 5-1 所示的电路模型是电路设计的基本模型，对其各电路路径施加约束条件，可以保证电路的正常运行。

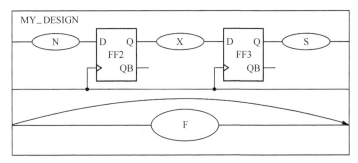

图 5-1 单一时钟电路

1. 建立时间和保持时间

一个下降沿触发的触发器有三个端口，即数据输入端（data input）、数据输出端（data output）和控制端（control input）。其基本工作原理是：当控制端口由高电平变为低电平时触发器对数据输入端进行采样，并把采样值送到数据输出端。当控制端口为其他情况时数据输出端维持原采样值，直至控制端口第二次由高电平变为低电平。

为了保证采样过程的准确，数据输入端必须在实际采样时间到达之前就保持稳定，而且在采样时间之后数据输入端仍需维持稳定一段时间。建立时间是指触发器的时钟信号沿来之前数据稳定不变的时间，如果建立时间不够，数据将不能在这个时钟沿被打入触发器。保持时间是指触发器的时钟信号沿到来之后数据稳定不变的时间，如果保持时间不够，数据同样不能被打入触发器。

触发器类型确定以后，建立时间和保持时间将由该触发器本身的结构决定。一般而言，它们为常数。

建立时间和保持时间如图 5-2 所示，其中 d 为输入信号，q 为输出信号，T_{hold} 为保持时间，T_{set} 为建立时间。数据稳定传输必须同时满足建立时间和保持时间的要求，即信号 d 至少应该比 ck 上升沿提前 T_{set}，并在 $ck + T_{hold}$ 时刻前保持稳定。

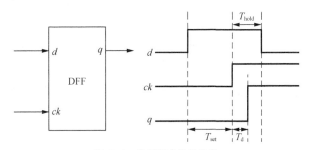

图 5-2 数据稳定传输条件

2. 时钟偏斜

在一个典型的同步时序电路中，寄存器的数据输入端连接到一个组合逻辑电路的输出，而该组合逻辑电路的输入又连接到一些寄存器的数据输出端。假设两个寄存器分别为 R_1 和 R_2，同步时序电路中时钟到达 R_1 和 R_2 的时间 T_{clk_1} 和 T_{clk_2} 很可能是有差异的，定义时钟到达不同触发器的时间差为时钟偏斜（clock skew），用 δ 表示。公式为：

$$\delta = T_{clk_1} - T_{clk_2} \tag{5-1}$$

时钟偏斜在不同的时钟布线情况下可正可负。当时钟信号的传输方向和逻辑信号的传输方向一致时，时钟偏斜为正；当时钟信号的传输方向和逻辑信号的传输方向相反时，时钟偏斜为负。

3. 信号延迟

信号延迟包括逻辑单元延迟和互连线延迟。在逻辑综合阶段，由于没有真实布线，不能确定互连线的长度，通常采用互连线负载模型（Wire Load Model）来粗略估计互连线的延迟。这种方法将根据负载的大小来粗略估计互连线的长度，并根据互连线延迟模型粗略估算互连线的延迟。

逻辑单元的延迟可以用以下方程表示。

$$t_{pd} = R(C_{out} + C_p) + t_q \tag{5-2}$$

逻辑单元的延迟包括内部的本征延迟和外部延迟两部分。以一个反相器为例，0.8μm 工艺的标准反相器，从数据手册上可以查到以下信息：

$$RISE = 0.10 + 0.07 + 1.75C_{ld} \tag{5-3}$$

$$FALL = 0.09 + 0.07 + 1.95C_{ld} \tag{5-4}$$

式中，前两项表示本征延迟，最后一项为外部延迟，相当于 $C_{out} = C_{ld}$，$R_{pu} = 1.75\text{k}\Omega$，$R_{pd} = 1.95\text{k}\Omega$，其中时间单位为 ns，电容单位为 pF。

从手册上还可以查到反相器的管脚电容为：

$$PINI\ (input) = 0.060\text{pF} \tag{5-5}$$

$$PINZN\ (output) = 0.0741\text{pF} \tag{5-6}$$

由此得到由于输出管脚上的电容导致的器件本征延迟值为：

$$C_p \cdot R_{pu} = 0.038 \times 1.75 = 0.0665\text{ns} \tag{5-7}$$

$$C_p \cdot R_{pd} = 0.038 \times 1.95 = 0.0741\text{ns} \tag{5-8}$$

用户一般能从 ASIC 厂商提供的单元库手册中得到两种信息——电容负载和延迟。如表 5-1 分别列出了面积优化的反相器系列和性能优化的反相器（速度快）系列的输入电容值。

表 5-1　反相器对应电容值

库名	Inv1	Invh	Invs	Inv8	Inv12
小面积	0.034	0.067	0.133	0.265	0.397
速度快	0.145	0.292	0.584	1.169	1.753

其中，Inv1 为标准驱动强度的反相器；Invh 为高驱动反相器，相当于 Inv2；Invs 则为超高驱动反相器，相当于 Inv4。

任何驱动 Inv1 的逻辑单元，相当于驱动一个单位负载。

ASIC 厂商一般按工艺状况、工作电压和环境温度等条件给出 ASIC 库单的延迟信息，如表 5-2 所示。

表 5-2　工艺与延迟比对应关系

工艺	延迟比
慢	1.31
一般	1.00
快	0.75

因此，在 100℃、4.5V 的条件下，最坏的延迟为：

$$t_{max} = t_{typical} \times 1.31 \times 1.60（4.5V，100℃）\tag{5-9}$$

$$t_{typical} = \frac{t_{max}}{1.31 \times 1.60} = 0.477 t_{max}\tag{5-10}$$

5.1.3　时序驱动电路设计

当前集成电路设计工具大都采用时序驱动的电路设计方法，其思路就是对电路的各种时序路径施加时序约束。在对电路进行综合的过程中，集成电路设计工具根据用户对电路施加的时序约束和静态时序分析技术对电路进行编译和优化。

在时序驱动电路设计方法中，综合工具根据用户对电路路径的约束的要求、建立时间与保持时间对信号传输时间的要求，计算出电路路径的最大和最小传输延迟，作为电路逻辑综合的依据。

1. 建立时间对电路的要求

为了实现正确的同步，寄存器的信号输入端必须满足建立时间的要求。在时钟信号到达前一级寄存器 R_1 后输出逻辑信号，输出的逻辑信号经过组合逻辑电路后到达寄存器 R_2。逻辑信号到达 R_2 的时刻应该至少比下一个周期时钟信号到达 R_2 的时刻早一个建立时间的长度。用公式表示为：

$$(T_2 + T) - (T_1 + t_{R_1} + t_{logic}) > t_{setup}\tag{5-11}$$

式中，T_1 是本周期时钟信号到达 R_1 的时刻，T_2 是本周期时钟信号到达 R_2 的时刻，T 是时钟周期，那么 $T_2 + T$ 就是下一个周期的时钟信号到达 R_2 的时刻。t_{R_1} 是 R_1 中时钟到达直到 Q 端信号输出的延时，t_{logic} 是逻辑信号在组合逻辑电路中的延时，$t_{R_1} + t_{logic}$ 是逻辑信号从 R_1 到 R_2 的总延时，那么 $T_1 + t_{R_1} + t_{logic}$ 是 R_1 输出信号到达 R_2 的时刻。t_{setup} 是建立时间，时钟偏斜 $\delta = T_2 - T_1$，经过整理得到：

$$t_{logic} < T - t_{R_1} - t_{setup} + \delta\tag{5-12}$$

则：

$$T > t_{logic} + t_{R_1} + t_{setup} - \delta\tag{5-13}$$

从公式（5-13）可以看到，集成电路的时钟周期受到电路延迟、建立时间和时钟偏斜的限制。为提高芯片的频率，时钟周期越小越好。时钟频率取决于两个寄存器之间最大的传输延迟。每两个时序逻辑单元之间的信号延迟都需要满足公式（5-13）的要求，在所有路径中的最大延时就是限制时钟周期的最关键因素，这条路径称为"关键路径"。找出各个寄存器间组合逻辑的最长路径是逻辑综合工具和静态时序分析工具需要解决的主要问题之一。

2. 保持时间对电路的要求

由保持时间的定义可知，在时钟信号到达寄存器并对寄存器输入端采样之后，数据输入端仍需维持一段时间才能保证寄存器输出端的正确输出。一般情况下，后级寄存器在本时钟周期边沿收到前级寄存器在上一个时钟周期边沿处发出的信号，为保证后级寄存器上的输入信号在本周期时钟到达后仍能稳定一段时间，前级寄存器在本时钟周期边沿发出的信号到达后级寄存器的时间不能太早，前级寄存器本时钟周期边沿的输出信号应当在后级寄存器本时钟周期边沿经过保持时间后才到达后级寄存器。用公式表示为：

$$T_1 + t_{R_1} + t_{logic} > T_2 + T_{hold} \qquad (5-14)$$

式中，左边的 $T_1 + t_{R_1} + t_{logic}$ 是 R1 输出信号到达 R2 的时刻，右边为本时钟周期到达 R2 的时刻加上一个保持时间，经过整理可以得到：

$$\delta < t_{R_1} + t_{logic} - T_{hold} \qquad (5-15)$$

从上式中可以看到，当 δ 为正时，δ 一定要小于 $t_{R_1} + t_{logic} - T_{hold}$；而当 δ 为负时，$T > t_{logic} + t_{R_1} + t_{setup} - \delta$，负值 δ 会引起时钟周期变大而影响芯片性能。在集成电路设计中，尽可能使同一时钟信号达到所有时序逻辑的时间一致，δ 尽可能地接近零，这样就可以避免上述问题。在保持时间约束的检查中，到达时间为 $TA = t_{R_1} + t_{logic}$，而要求时间为 $TR = \delta + T_{hold}$，这里要求 $TA > TR$。另外需要强调的是，一般情况下建立时间是在下一个时钟边沿处比较，而保持时间是与两个寄存器的同一个时钟边沿比较。

3. 静态时序分析

在电路综合过程中和综合完成后，需要对时序进行分析或验证。

传统电路的验证方法是在验证功能的同时验证时序，需要输入向量作为激励。随着规模增大，所需向量数量增长，验证所需时间大大提高，最大的问题则是难以保证足够的覆盖率。所以，这种方法越来越少地被用于时序验证，取而代之的是静态时序分析技术。

静态时序分析技术主要是检查建立时间和保持时间是否满足要求，通过计算信号在路径上的延迟传播找出违背时序约束的错误，是一种穷尽分析方法，运行速度很快，占用内存很少，它克服了动态时序验证的缺陷，节省了设计时间。静态时序分析较难的地方是存在超长路径的设计，有时甚至需要修改代码来满足时序要求。对于具有多时钟的设计，还需要对时钟进行分离，分别对每个时钟域进行静态时序分析。很多时候设计中会存在伪路径，在时序分析时要注意找出关键伪路径，在施加约束时把其设为 false path。

静态时序分析是大规模集成电路设计中非常重要的一个技术。在电路设计过程中，为得到一个最佳的电路设计，在结构逻辑、电路布局布线等方面时序分析都起着关键性的作用。静态时序分析既要检验电路的最大延迟，以保证电路在指定的频率下能够满足建立时间的要求；同时又要检验电路的最小延迟，以满足保持时间的需求。芯片的设计只有通过了静态时序分析才能真正完成，甚至从逻辑综合开始后的每一个步骤的结果都需要满足或部分满足时序的要求。随着芯片尺寸的减小和集成度密集化的增强、电路设计复杂度的增加、电路性能要求的提高等，各种新的变化都对芯片内的时序分析提出了更高的要求。

5.1.4 综合的三个阶段和综合的层次

1. 综合的三个阶段

综合主要包括三个阶段：转换（translation）、映射（mapping）与优化（optimization）。综合工具首先将 HDL 的描述转换成一个独立于工艺（technology-independent）的 RTL 级网表（网表中 RTL 模块通过连线互联），然后根据具体指定的工艺库，将 RTL 级网表映射到工艺库上，成为一个门级网表，最后再根据设计者施加的诸如延时、面积方面的约束条件，对门级网表进行优化。

2. 综合的层次

根据设计者采用 HDL 语言对设计描述的抽象层次的高低，如逻辑级、寄存器传输级、行为级等抽象类型，综合也相应地分为逻辑级综合、RTL 级综合，以及行为级综合。随着抽象层次的升高，设计者对于最终硬件（门和触发器）的控制能力越来越小。

（1）逻辑级综合

在逻辑级综合中，设计被描述成布尔等式的形式，触发器、锁存器等基本单元采用元件实例化（instantiate）的方式表达出来。下面是一个加法器的逻辑级描述。逻辑级描述已经暗示了是综合以后的网表。

```
module INCREMENT (A, CLOCK, Z);
    input [0:2] A;
    input CLOCK;
    output [0:2] Z;
    wire A1BAR, S429, DZ0, DZ1, DZ2;

    assign DZ1 =! ((A[1] || DZ2) && (A[2] || A1BAR));
    assign DZ2 =! A[2];
    assign DZ0 =! ((A[0] || DZ2) && (A1BAR || S429));
    assign A1BAR =! A[1];
    assign S429 =! ((DZ2 || A1BAR) && A[0]);

    FD1S3AX S0 (DZ2, CLOCK, Z[2]),
        S1(DZ1, CLOCK, Z[1]),
        S2(DZ0, CLOCK, Z[0]);
endmodule
```

（2）RTL 级综合

与逻辑级综合不同，在 RTL 级综合中，电路的数学运算和行为功能分别通过 HDL 语言特定的运算符和行为结构描述出来。对于时序电路，可以明确地描述它在每个时钟边沿的行为。下面同样是一个加法器的描述。

```
module INCREMENT (A, CLOCK, Z);
    input [0:2] A;
    input CLOCK;
    output [0:2] Z;
    reg [0:2] Z;
    always @ (posedge CLOCK)
    Z <= A + 1;
endmodule
```

本例中，综合后会生成三个触发器，这三个触发器不是通过实例化而是通过 HDL 的特定结构推断出来的。这种推断是根据一些推断法则（Inference rule）进行的，比如在这个例子中，当一个信号（变量）在时钟的边沿处进行赋值（always 语句）时，那么这个信号（变量）可以综合为一个触发器。

（3）行为级综合

行为级综合比 RTL 级综合的层次更高，同时行为级综合描述电路更加抽象。在 RTL 级综合中，电路在每个时钟边沿的行为必须确切地描述出来，而行为级综合描述电路却不是这样，没有明确规定电路的时钟周期，推断法则也不是用来推断寄存器的。电路的行为可以描述成一个时序程序（sequential program），综合工具的任务就是根据指定的设计约束，找出哪些运算可以在哪个时钟周期内完成，在多个周期内用到的变量值则需要通过寄存器寄存起来。

5.2 基于 Design Compiler 的逻辑综合流程

综合是前端模块设计中的重要步骤之一，综合的过程是将行为级描述的电路和 RTL 级的电路转换到门级的过程。Design Compiler（简称 DC）是 Synopsys 公司用于电路综合的核心工具，综合可以方便地将 HDL 语言描述的电路转换成基于工艺库的门级网表。本节将初步描述使用 Design Compiler 完成电路综合的全过程。

5.2.1 逻辑综合流程

利用 DC 进行综合的流程如图 5-3 所示，具体包括以下主要步骤。
① 加载库文件
② 读入设计
③ 设计约束
④ 设计综合
⑤ 结果输出
⑥ 结果分析

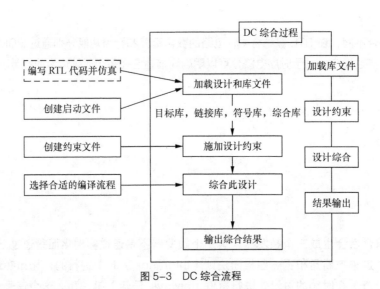

图 5-3 DC 综合流程

5.2.2 设置库文件

在 DC 的运行过程中需要用到几种库文件，分别是单元库、链接库、符号库以及 IP 库。

1. 单元库

单元库（target_library）是综合后电路网表要最终映射到的库，读入的 HDL 代码首先由 Synopsys 自带的 GTECH 库转换成 DC 内部交换的格式，然后经过映射到工艺库并优化生成门级网表。单元库是由 Foundary 提供的，一般是.db 的格式。这种格式是 DC 能识别的一种内部文件格式，不能由文本方式打开。.db 格式可以由文本格式的.lib 转化而来，二者包含的信息是一致的。图 5-4 是一个.lib 的工艺库例子。

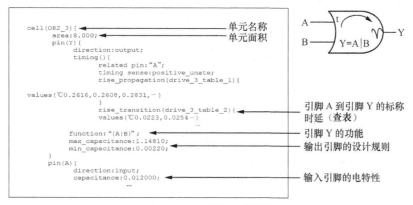

图 5-4　.lib 的单元库例子

从图中可以看出，单元库中包含了各个门级单元的行为、引脚、面积以及时序信息（有的单元库还有功耗方面的参数），DC 在综合时就是根据工艺库中给出的单元电路的延迟信息来计算路径的延迟的，并根据各个单元延时、面积和驱动能力的不同选择合适的单元来优化电路。如以下命令用来指定单元库。

```
set target_library m_tech.db
```

2. 链接库

链接库（link_library）用于设置模块或者单元电路的引用。对于所有 DC 可能用到的库，都需要在链接库中指定，其中也包括要用到的 IP 库。另外，在链接库的设置中必须包含"*"，表示 DC 在引用实例化模块或者单元电路时首先搜索已经调进 DC 存储区的模块和单元电路，如果在链接库中不包含"*"，DC 就不会使用 DC 存储区中已有的模块，因此，会出现无法匹配的模块或单元电路的警告信息（unresolved design reference）。另外，设置链接库的时候要注意设置 search_path，链接库默认在运行 DC 的目录下寻找相关引用。要找到链接库，就需要指定链接库所在目录。使用以下命令可以设置 search_path，将链接库的位置加入到当前目录 db_file 下。

```
lappend search_path {db_file}
```

3. 符号库

符号库（symbol_library）是定义单元电路显示的 Schematic 的库。用户如果想启动 design_analyzer 或 design_vision 来查看、分析电路都需要设置符号库。符号库的后缀是.sdb，假如没有设置，DC 会用默认的符号库取代。设置符号库的命令是：set symbol_library。

如：set symbol_library your_library.sdb

4. IP 库

在初始化 DC 的时候，不需要设置标准的 DesignWare 库。standard.sldb 用于实现 Verilog 描述的运算符。对于扩展的 DesignWare 库，则需要在 IP 库（synthetic_library）中设置，同时需要在链接库中设置相应的库以使得在链接的时候 DC 可以搜索到相应运算符的实现。使用以下命令进行 synthetic_ library 的设置。

```
set synthetic_library your_library.sldb
```

5.2.3 读入设计文件

DC 支持多种硬件描述的格式，如.db、.v、.vhd 等，对于 TCL 的工作模式来说，读取不同的文件格式需要使用不同的命令。两种工作模式读取命令的基本格式如下：

```
read_db file.db      //TCL 工作模式读取 DB 格式
read_verilog file.v  //TCL 工作模式读取 verilog 格式
read_vhdl file.vhd   //TCL 工作模式读取 VHDL 格式
```

DC 可以读取设计流程中任何一种数据格式，如行为级的描述、RTL 级的描述、门级网表等，不同的数据格式其 DC 综合的起点不同，即使实现相同的功能，也可能会产生不同的结果。读取源程序的另外一种方式是配合使用 analyze 命令和 elaborate 命令：analyze 是分析 HDL 的源程序并将分析产生的中间文件存于 work（用户也可以自己指定）目录下；elaborate 则在产生的中间文件中生成 verilog 的模块或者 VHDL 的实体，默认情况下，elaborate 读取的是 work 目录中的文件。当读取完所要综合的模块之后，需要使用 link 命令将读到 DC 存储区中的模块或实体连接起来。如果在使用 link 命令之后，出现 unresolved design reference 的警告信息，需要重新读取该模块，或者在.synopsys_dc.setup 文件中添加链接库，告诉 DC 到库中去寻找这些模块，同时还要注意 search_path 中的路径是否指向该模块或单元电路所在的目录。

5.2.4 施加设计约束

DC 是一个约束驱动（constrain-driven）的综合工具，在 RTL 代码仿真通过以后，就开始进行综合，综合时需要加入约束和设计属性的信息，DC 根据这些约束将 RTL 模块综合成门级网表，然后分析综合出的网表是否满足约束条件，如果不满足就要修改约束条件，甚至重写 RTL 代码。值得注意的是，上面提到的仅仅是 RTL 模块的综合过程，而不是整个芯片的综合，整个芯片是由很多这样的模块组成的，综合过程与上面描述的过程有一定的区别。

电路结果是与设计者施加的约束条件密切相关的。本节主要讨论怎样给电路施加约束条件，这些约束主要包括时序和面积约束、电路的环境属性、时序和负载在不同模块之间的分配以及时序分析。

1. 定义时序约束

时序约束要达到的目标是约束电路中所有的时序路径，使其延迟符合设计要求。这些时序路径可以分为三类：输入到寄存器的路径、寄存器到寄存器之间的路径，以及寄存器到输出的路径。

这三类不同的时序路径有三种不同的约束方法。

① 通过定义时钟约束寄存器到寄存器之间的时序路径。

② 通过 set_input_delay 命令约束输入到寄存器之间的时序路径。

③ 通过 set_output_delay 命令约束寄存器到输出之间的时序路径。

（1）定义时钟约束

在电路综合的过程中，所有时序电路以及组合电路的优化都是以时钟为基准来计算路径延迟的，因此，一般都要在综合的时候指定时钟，作为估计路径延迟的基准。定义时钟时必须定义它的时钟源（Clock source），时钟源可以是端口也可以是管脚；还必须定义时钟的周期。另外有一些可选项，比如占空比（Duty Cycle）、时钟偏差（Clock Skew）和时钟名字（Clock Name）。定义时钟采用一个语句 create_clock 完成。

```
create_clock -period 5 [get_ports clk]
set_dont_touch_network [get_clocks clk]
```

第一行代码定义一个周期为 5ns 的时钟，时钟源是一个称为 clk 的端口。第二行代码把所有定义的时钟网络设置为 don't_touch，即综合的时候不对 clk 信号优化。如不进行这步操作，DC 会根据 clk 的负载自动产生 Buffer。在电路设计中，时钟树（Clock Tree）的综合也有自己特别的方法，它需要考虑到实际布线后的物理信息。所以 DC 不需要在这里对它进行处理。

（2）约束输入路径

对输入路径的时序约束主要通过定义输入延时来实现。输入延时是指被综合模块外的寄存器触发的信号在到达被综合模块之前经过的延时，即外围触发器的 clk-q 的延时加上到本电路端口之前的其他电路和线路的延时。当确定这段延时之后，被综合模块内部的电路延时的范围也可以确定下来了。假如时钟周期是 20ns，输入延时是 4ns，内部触发器的建立时间为 1.0ns，那么就可以推断出要使电路正常工作，N 电路的延时最大不能超过 20-4-1.0=15.0ns。设置输入延时是通过 DC 的 set_input_delay 命令完成的。

```
set_input_delay -max 4 -clock clk [get_ports A]
```

上面的语句指出了被综合模块的端口 A 的最大输入延时为 4ns。-max 选项指明目前设置的是输入的最大延迟，为了满足时序单元建立时间（setup time）的要求。另外还有一个选项是-min，它是针对保持时间的约束使用的。-clk 指出这个端口受哪个时钟周期的约束。定义了输入延时之后，相对应的还要设置电路的输出延时。

（3）约束输出路径

对输出路径的时序约束主要通过定义输出延时来实现。输出延时是指本电路端口到达本电路之外电路触发器所需要的延时，即本设计信号输出端口到外部触发器之间电路和线路的延时。信号在综合模块的触发器里触发后，被外围的一个触发器接收。外围电路有一个电路延时和外围触发器的建立时间。当确定了它们的延时之后，被综合模块内部的输出路径延时范围也就确定下来了。假如，时钟周期为 20ns，输出延时为 5.4ns，被综合电路触发器的 clk-q 延时为 1.0ns，那么输出路径最大延时就是 20-5.4-1.0=13.6ns。设置输出延时是通过 DC 的 set_output_delay 命令完成的。

```
set_output_delay -max 5.4 -clock clk [get_ports B]
```

上面的语句指出了被综合模块的输出端口 B 的最大输出延时为 5.4ns。-max 选项指明目前设置的是输入的最大延迟，-clk 指出这个端口受哪个时钟周期的约束。

（4）特殊路径约束

① set_false_path

set_false_path 是指忽略路径。如果一个设计中有多个时钟是异步的，或者这些时钟虽然对于端口的时序有影响，但是在设计中没有相应的时钟引脚，那么就要考虑亚稳态的问题。忽略路径的识别在设计中很关键，如果不对忽略路径进行标识，DC 将会对所有的路径进行优化，从而影响关键时序路径。一般用于异步电路和没有逻辑和功能意义的路径。

② set_multicycle_path

set_multicycle_path 是指设置多周期路径。因为 DC 假设所有的路径都是单周期的，为了满足时序，对多周期路径会做不必要的优化，从而影响相邻路径或面积。所以这个命令常用于隔离多周期路径，通知 DC 通过这条路径所需的周期数。

③ set_max_delay

set_max_delay 是指设置最大延时。对于仅包含组合逻辑的模块，可用此命令约束所有输入到输出的总延时。

例如：set_max_delay 5–from all_inputs() –to all_outputs

对于含有多个时钟的模块，可用通常的方法定义一个时钟，再用此命令约束定义时钟和其他时钟的关系。

例如：set_max_delay 0 –from CK2 –to all_register(clock_pin)

④ set_min_delay

set_min_delay 是指设置最小延时。对于仅包含组合逻辑的模块，用于定义指定路径的最小延时。

例如：set_min_delay 3–from all_inputs()

（5）设置例外情况

① set_dont_touch_network

set_dont_touch_network 命令常用于对 port 或 net 设置 dont_touch_network 属性（即在优化的时候，不对原有器件进行替换）。此命令常用于时钟和复位信号。

例如：Set_dont_touch_network{CLK, RST}

当一个模块利用原始的时钟作为输入，在该模块内部利用分频逻辑产生二级时钟，则应在二级时钟输出端口上设置 set_dont_touch_network。当一个电路包含门时钟逻辑时，若在时钟的输入设置 set_dont_touch_network，则阻止 DC 优化该门逻辑。

② set_dont_touch

set_dont_touch 命令应用于 current_design、cell、net、references，阻止 DC 对模块中的这些元素进行技术映射。

例如：Set_dont_touch find(cell, "sub1")

③ set_dont_use

set_dont_use 命令用于.setup 文件，此命令可将单元库中某些单元滤出，禁止 DC 映射时使用。

例如：set_dont_use {mylib/SD*}，在 DC 映射时，将不再使用单元库中名字以 SD 开头的单元。

2. 定义面积约束

芯片面积直接关系到芯片的成本，面积越大，成本越高，集成电路的设计总是希望面积尽量小，以减小芯片成本。定义面积约束是通过 set_max_area 命令完成的，比如：

```
set current_design my_design
set max_area 20000
```

上面的例子给名为 my_design 的设计施加了一个最大面积 20000 单位的约束。20000 的具体单位是由 Foundry 规定的，定义这个单位有三种可能的标准：第一种是将一个二输入与非门的大小作为单位 1，第二种是以晶体管的数目来规定单位，第三种则是根据实际的面积（平方微米等）来规定。

至于设计者具体使用哪种单位，可以通过下面的方法得到——即先综合一个二输入与非门，用 report_area 查看面积是多少，如果是 1，则是按照第一种标准定义的；如果是 4，则是第二种标准；如果是其他的值，则为第三种标准。

5.2.5　定义环境属性

上节主要讨论了怎样对电路施加时序约束和面积约束，如设置时钟周期、设置输入输出延时等，但仅仅靠这些约束还是不够的。还要考虑被综合模块周围环境的变化，举个例子说，如果外界的温度或者电路的供电电压发生变化时，延时也会相应地改变，所以这些方面也必须考虑到。上一节仅仅约束了输入输出的延时，没有考虑电平转化时间（transition time），这些是由输入输出的外围电路的驱动能力和负载大小决定的。另外，电路内部的互连线的延时也没有估计在内。本节主要讨论如何为电路施加环境属性。设置环境属性主要通过以下命令完成：

```
set_operating_condition  //设置的环境条件
set_driving_cell  //设置的驱动条件，输入管脚外部所接入的驱动有多大
set_load  //输出管脚外接的负载有多大
set_wire_load_model  //综合时连线计算
```

1．设置工作条件

set_operating_conditions 用于设置工作条件。芯片供应商提供的库通常有 max、type、min 三种类型，代表的操作环境为最坏（worst）、典型（type）、最好（best）三种情况。芯片的操作环境包括操作温度、供电电压、制造工艺偏差和 RC 树模型。一般说来，电压越低，操作温度越高，工艺偏差系数越大，产品速度越慢，反之，速度越快。当电压、温度和工艺偏差有波动的时候，乘以系数 K 因子来模拟这种影响计算延时。tree_type 定义了环境的互连模型，通过这个值选取适当的公式来计算互连线的延迟。

例如：命令 set_operating_conditions–min BEST–max WORST 用于指示 DC 对设计的 WORST 和 BEST 条件同时进行优化。

2．设定输出负载

set_load<value><object list>用于设定输出负载。综合出来的电路必须要驱动下级电路，如果负载取得过小，下级电路将无法正常工作；如果负载取得过大，则会增大上一级电路的难度。用 set_load 命令可以设置端口或者线上的电容负载，从而保证输出路径的时序（transition time）。

3．设置输入驱动

设置输入驱动可以使用 set_driving_cell 或 set_drive 命令。set_driving_cell –cell<cell name>–pin<pin name><object list>用于设置输入驱动。驱动是指施加到待综合电路的驱动能力。如果取值不当，综合出来的电路就不能正常工作。如果驱动太大，综合出来的电路的负载很大；如果驱动太小，信号的变化边沿会很差。set_drive 命令用特定的驱动阻抗来设置输入端口的驱动强度，以保证输出路径的时序，确定输入信号的 transition time。在默认的情况下，DC 认为驱动输入的单元的驱动能力为无穷大，即 transition time 为 0。

4．设置连线负载模型

set_wire_load <wire–load model>–mode <toplenclosedlsegmented>用于设置连线负载模型，向 DC 提供 wire_load 信息。在 DC 综合的过程中，连线延时是通过设置连线负载模型确定的。连线负载模型基于连线的扇出、估计电阻电容等寄生参数，均由 Foundry 提供。根据连线负载模型

（wire_load_model），DC 可以估算出连线的电容、电阻和面积，找出这条线驱动的负载，得出其扇出数，通过网表就可以查出相应的线的长度。通常技术库里包含许多负载模型，每一种 wire-load 模型都代表一个模块的尺寸。

连线负载模型模式（wireload model mode）用来选择穿过层次边界时线的模型，有 top、enclosed、segmented 三种模式，如果不指定模式，默认的模式是 top。

5.2.6　综合及结果输出

综合是指在满足设计电路的功能、速度及面积等限制条件下，实现将行为级描述转化为指定的技术库中单元电路的连接，完成 RTL 级向门级网表的转换。在实际情况下，综合会出现门的延时、导线的延时、信号的转换时间及时钟信号到达各个触发器的时间不同等情况。

综合的过程具体包括如下三步，代码转化（Translation）、逻辑优化（Optimization）、门级映射（Mapping）三个过程。

（1）代码转化：把用 HDL 语言描述的电路转化为用 GTECH 库元件组成的逻辑电路的过程，即实现从源代码到逻辑门电路的过程。

（2）逻辑优化：即设计者根据电路设定延时和面积等约束条件对电路进行优化设计的过程，它通过各种方法尽量满足设计者对电路的要求。

（3）门级映射：把用 GTECH 库元件组成的电路映射到某一固定厂家的工艺库上，此时的电路包含了厂家的工艺参数 Library Cells。

通过以上三步，得到一个功能和时序都满足要求的网表，并达到面积最小化、功耗最小化和性能最大化。

综合后将会输出很多结果报告，其中最常用到的是延迟报告、面积报告和功耗报告。

延迟报告：使用 report_timing 命令可以产生延迟信息报告（该命令对当前设计有效），命令如下：

```
report_timing
-to <路径终点列表>：需要计算延迟的路径的终点。
-from <路径起点列表>：需要计算延迟的路径的起点。
-nworst <路径数>：报告的路径数（默认为 1，由延迟余量最小的路径开始报起）。
```

面积报告：使用 report_area 命令可以获取面积信息报告（该命令对当前设计有效）。

功耗报告：使用 report_power 命令可以获取功耗信息报告（该命令对当前设计有效）。

同时，DC 可以导出的时序文件包括时序描述文件和时序约束文件。前者描述设计的时序情况主要用于进行综合后的动态仿真；后者带有关键路径的延迟约束信息，主要供后端工具进行延迟驱动的布局布线。无论哪种时序文件都采用标准延时文件（SDF）的格式。SDF 用于做门级动态时序仿真，分为如下两种：pre_layout 和 post_layout。其中，post_layout 的 SDF 文件由 DC 在设计回注了 RC 延时值和集总电容后产生。PT 也可产生 sdf 文件，DC 命令如下：

```
write_timing-format sdf-v2.1-output<file name>
```

sdf 文件包含的时序信息如下。

IOPATH 延迟：单元延迟。根据输出的负载和输入信号的 transition 时间计算。

INTERCONNECT 延迟：是驱动单元的输出端到被驱动单元的输入端的互连线延迟。

建立时间时序检查：根据工艺库的描述，确定时序单元的建立时间。

保持时间时序检查：根据工艺库的描述，确定时序单元的保持时间。

（1）时序文件的导出

在 DC 中，使用 write_sdf 命令导出时序描述文件，命令格式如下：

```
write_sdf
-version <文件版本>: 指定导出的 sdf 文件的版本，可选项有 1.0 和 2.1，缺省为 2.1。
-instance <实例名>: 指定导出当前设计中某个实例的时序描述文件。
<时序描述文件名>
```

（2）时序约束文件的导出

在 DC 中，使用 write_constraints 命令来导出时序约束文件，命令的格式如下：

```
write_constraints
-output <文件名>: 导出的时序约束文件名。
-format: 时序约束文件的格式，可选项有 synopsys、sdf、sdf-v2.1。
-max_paths <路径数>: 时序约束文件所包含的路径数，默认为 1。
-max_path_timing: 指示 DC 导出延迟最大的路径。
-from <起点列表>: 路径的起点列表。
-to <终点列表>: 路径的终点列表。
```

5.2.7   结果分析

Synopsys 用报告来输出综合结果：生成时序报告，分析时序约束违例，生成功耗报告信息，生成面积报告信息。

例如，用 report 命令生成时序、功耗、面积报告。

```
#######################################
# Reports and analysis
#######################################
report_constraint -all  > ./rpt/rpt_consitraints
report_timing  >  ./rpt/rpt_timing
report_area  >  ./rpt/rpt_area
report_power  >  ./rpt/rpt_power
```

通过 report 命令分析，得出时序、功耗、面积报告。图 5-5、图 5-6、图 5-7 分别是时序、功耗和面积报告。

```
****************************************
Report : timing
        -path full
        -delay max
        -max_paths 1
Design : checkmatch
Version: H-2013.03-SP5-2
Date   : Fri May 16 18:17:27 2014
****************************************

Operating Conditions: cb13fs120_tsmc_max    Library: cb13fs120_tsmc_max
Wire Load Model Mode: enclosed

  Startpoint: state_reg[0]
             (rising edge-triggered flip-flop clocked by clock)
  Endpoint: match (output port clocked by clock)
  Path Group: clock
  Path Type: max
```

图 5-5   时序报告

```
Des/Clust/Port      Wire Load Model      Library
----------------------------------------------------------------
checkmatch          ForQA                cb13fs120_tsmc_max

Point                                    Incr      Path
----------------------------------------------------------------
clock clock (rise edge)                  0.00      0.00
clock network delay (ideal)              0.00      0.00
state_reg[0]/CP (dfnrn2)                 0.00      0.00 r
state_reg[0]/QN (dfnrn2)                 0.28      0.28 f
U27/ZN (invbd2)                          0.06      0.34 r
U37/ZN (nd03d0)                          0.15      0.49 f
U28/ZN (nr23d4)                          0.31      0.80 r
match (out)                              0.00      0.80 r
data arrival time                                  0.80

clock clock (rise edge)                  2.00      2.00
clock network delay (ideal)              0.00      2.00
clock uncertainty                       -0.20      1.80

output external delay                   -1.00      0.80
data required time                                 0.80
----------------------------------------------------------------
data required time                                 0.80
data arrival time                                 -0.80
----------------------------------------------------------------
slack (MET)                                        0.00
```

图 5-5　时序报告（续）

图 5-5 为时序报告图，其中，Incr 是指实际计算出来的延迟，Path 是指要求的延迟。

```
****************************************
Report : area
Design : checkmatch
Version: H-2013.03-SP5-2
Date   : Fri May 16 18:25:21 2014
****************************************

Library(s) Used:

    cb13fs120_tsmc_max (File: /home1/luweijun/han/lab1/ref/libs/mw_lib/sc/LM/sc_max.db)

Number of ports:                       4
Number of nets:                       27
Number of cells:                      22
Number of combinational cells:        17
Number of sequential cells:            5
Number of macros/black boxes:          0
Number of buf/inv:                     3
Number of references:                 14

Combinational area:          23.250000
Buf/Inv area:                 2.500000
Noncombinational area:       27.000000
Macro/Black Box area:         0.000000
Net Interconnect area:        3.423289

Total cell area:             50.250000
Total area:                  53.673289
```

图 5-6　面积分析报告

```
*********************************
Report : power
       -analysis_effort low
Design : checkmatch
Version: H-2013.03-SP5-2
Date   : Fri May 16 18:27:09 2014
*********************************


Library(s) Used:

    cb13fs120_tsmc_max (File: /home1/luweijun/han/lab1/ref/libs/mw_lib/sc/LM/sc_max.db)


Operating Conditions: cb13fs120_tsmc_max    Library: cb13fs120_tsmc_max
Wire Load Model Mode: enclosed

Design          Wire Load Model          Library
-------------------------------------------------------
checkmatch          ForQA                cb13fs120_tsmc_max


Global Operating Voltage = 1.08
Power-specific unit information :
    Voltage Units = 1V
    Capacitance Units = 1.000000pf
    Time Units = 1ns
    Dynamic Power Units = 1mW     (derived from V,C,T units)
    Leakage Power Units = 1pW


  Cell Internal Power  =    7.8861 uW    (65%)
  Net Switching Power  =    4.2379 uW    (35%)
                            ---------

Total Dynamic Power    =   12.1240 uW   (100%)

Cell Leakage Power    = 298.7202 nW
```

Power Group	Internal Power	Switching Power	Leakage Power	Total Power	(%)	Attrs
io_pad	0.0000	0.0000	0.0000	0.0000	(0.00%)	
memory	0.0000	0.0000	0.0000	0.0000	(0.00%)	
black_box	0.0000	0.0000	0.0000	0.0000	(0.00%)	
clock_network	0.0000	0.0000	0.0000	0.0000	(0.00%)	
register	2.3764e-03	1.8469e-03	1.9316e+05	4.4164e-03	(35.55%)	
sequential	0.0000	0.0000	0.0000	0.0000	(0.00%)	
combinational	5.5098e-03	2.3910e-03	1.0556e+05	8.0063e-03	(64.45%)	
Total	7.8861e-03 mW	4.2379e-03 mW	2.9872e+05 pW	1.2423e-02 mW		

图 5-7 功耗分析报告

5.2.8 综合后仿真

为了验证综合后生成的门级网表在功能上是否正确，需要对门级电路进行后仿真。首先需要掌握 SDF 文件及基于 SDF 文件的后仿真等基本概念。

1. SDF 文件

逻辑综合可以导出门电路和互连线的估算延迟。SDF（Standard Delay Format）是标准延时格式，为 IEEE 标准协议，它描述设计中的时序信息，指明模块管脚和管脚之间的延迟、时钟到数据的延迟和内部连接延迟。

举个例子：

```
(CELL
  (CELLTYPE "NR2D1")  //单元名
  (INSTANCE u434)  //单元实例化名
```

```
    (DELAY
     (ABSOLUTE
       (IOPATH A1 ZN (0.0812::0.0841) (0.0379::0.0395))
       //单元延迟, A1->ZN
        (IOPATH A2 ZN (0.1350::0.1350) (0.0994::0.0994))
       //单元延迟, A2->ZN
     )
    )
)
```

以上是一个 SDF 文件，描述了一个 2 输入或非门的器件，实例化名 u434，给出了该器件从输入到输出的每条路径的延迟值。

```
(INTERCONNECT  u434/Z  u444/A2  (0.028:0.029:0.029) (0.030:0.031:0.031))
//上升沿传输延迟，下降沿传输延迟
```

以上是一个互连线延迟的描述，从 u434 的 Z 输出端口到 U444 的 A2 输入端口，给出了上升沿传输延迟（rising edge transmit delay）和下降沿传输延迟（falling edge transmit delay），括号内的时间分别是最小（T_{min}）/典型（T_{typ}）/最大（T_{max}）延迟。

由上即可计算出，由 u434 的任一输入端到 u444 的 A2 端的总延迟。

2. 基于 SDF 文件的后仿真

SDF 文件里面包含了一些器件的固有延迟、内部连线的延迟、端口延迟、时序确认信息、时序约束信息和脉宽控制信息等内容。VCS 读取 SDF 文件是延迟信息的一个反标过程。VCS 通过读取 SDF 文件里面的延迟值，从而改变原文件的默认延迟值（通常由原文件默认指定，如果原文件没有指定，就采用仿真工具默认指定的延迟值）。

```
SDF 反标命令: Initial  $sdf_annotate("filename.sdf", c1)
```

其中，filename.sdf 是 SDF 文件，c1 为测试文件中调用 filename 电路模块的实例化。

5.3 综合实验

在实验中，采用的综合工具是 Synopsys 公司的 Design Compiler，一个综合的参考过程如下。

5.3.1 建立工作目录

建立工作目录 syn，如图 5-8 所示，建立命令为：

```
mkdir syn
```

syn

图 5-8 建立工作目录 syn

在 syn 文件夹下建立 ref、rpt、rtl、scripts、unmapped、mapped 等文件夹，如图 5-9 所示。

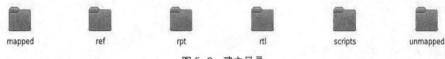

mapped   ref   rpt   rtl   scripts   unmapped

图 5-9 建立目录

5.3.2　设置工作环境

首先复制综合要使用的单元库和符号库到 ref 目录里。

在工作目录 syn 下，用 vi 编辑器编写设置脚本文件 common_setup.tcl、dc_setup.tcl 和.synopsys_dc.setup（注意前面有个点）。在工作目录下启动 Design Compiler（DC）时，会自动运行.synopsys_dc.setup 文件，对 DC 的运行环境进行配置，并指定综合所需要的工艺库。参考.synopsys_dc.setup 脚本文件如下，请确认单元库的绝对路径和下面脚本中的一致。

注意　后续参考代码中，所有出现"\"的地方，都代表和前一行为同一行代码，因一行写不下所以用此方式标注。

```
#  .synopsys_dc.setup
# - - - - - - - - - - - - - - - - - - - - - - - - - - - - - - -
#  History
# - - - - - - - - - - - - - - - - - - - - - - - - - - - - - - -

history keep 200
# - - - - - - - - - - - - - - - - - - - - - - - - - - - - - - -
#  Aliases，定义部分命令的缩写
# - - - - - - - - - - - - - - - - - - - - - - - - - - - - - - -
alias h history
alias rc "report_constraint -all_violators"
alias rt report_timing
alias ra report_area
alias rq report_qor
alias page_on {set sh_enable_page_mode true}
alias page_off {set sh_enable_page_mode false}
alias fr "remove_design -designs"


# - - - - - - - - - - - - - - - - - - - - - - - - - - - - - - -
#  Additional Setup Files 采用以下两个脚本文件来设置综合单元库和符号库
# - - - - - - - - - - - - - - - - - - - - - - - - - - - - - - -
source common_setup.tcl # 执行脚本文件 common_setup.tcl
source dc_setup.tcl       # 执行脚本文件 dc_setup.tcl
```

.synopsys_dc.setup 运行时调用文件 common_setup.tcl 和 dc_setup.tcl，分别如下：

```
#common_setup.tcl
################################################################
# dc_setup.tcl 中用于逻辑库建立的用户定义变量
################################################################
    set ADDITIONAL_SEARCH_PATH "/home1/lib/smic ./unmapped \
./rtl ./scripts";# Directories containing logical libraries,

    # 逻辑设计和脚本文件
    set TARGET_LIBRARY_FILES        \
"../lib/aci/sc-x/synopsys/typical_1v2c25.db
../lib/SP013D3_V1p4/syn/SP013D3_V1p2_typ.db";

    set SYMBOL_LIBRARY_FILES  \
../lib/aci/sc-x/symbols/synopsys/smic13g.sdb;  #Symbol library file

    #dc_setup.tcl
    ################################################################
    # 逻辑库设置
```

```
##############################################################
set_app_var search_path "$search_path $ADDITIONAL_SEARCH_PATH"
set_app_var target_library $TARGET_LIBRARY_FILES
set_app_var link_library "* $target_library"
set_app_var symbol_library $SYMBOL_LIBRARY_FILES
```

5.3.3 添加 PAD

编写 control_pad.v 作为顶层文件，从库文件中选择并实例化合适的 IO 单元。

```
timescale 1ns/1ns
module control_pad
(
    input wire rst_,
    input wire clk,
    input wire zero,
    input wire [2:0] opcode,
    output wire rd,
    output wire wr,
    output wire ld_ir,
    output wire ld_ac,
    output wire ld_pc,
    output wire inc_pc,
    output wire halt,
    output wire data_e,
    output wire sel
);

wire  rd_pad;
wire  wr_pad;
wire ld_ir_pad;
wire ld_ac_pad;
wire ld_pc_pad;
wire inc_pc_pad;
wire halt_pad;
wire data_e_pad;
wire sel_pad;
wire  [2:0] opcode_pad;
wire  zero_pad;
wire clk_pad;
wire rst_pad;
PI i_rst (.PAD(rst_), .C(rst_pad));
PI i_clk (.PAD(clk), .C(clk_pad));
PI i_zero (.PAD(zero),  .C(zero_pad));
PI i_opcode_0(.PAD(opcode[0]), .C(opcode_pad[0]));
PI i_opcode_1(.PAD(opcode[1]), .C(opcode_pad[1]));
PI i_opcode_2(.PAD(opcode[2]), .C(opcode_pad[2]));

PO8 i_rd(.I(rd_pad), .PAD(rd));
PO8 i_wr(.I(wr_pad), .PAD(wr));
PO8 i_ld_ir(.I(ld_ir_pad), .PAD(ld_ir));
PO8 i_ld_ac(.I(ld_ac_pad), .PAD(ld_ac));
PO8 i_ld_pc(.I(ld_pc_pad), .PAD(ld_pc));
PO8 i_inc_pc(.I(inc_pc_pad), .PAD(inc_pc));
PO8 i_halt(.I(halt_pad), .PAD(halt));
PO8 i_data_e(.I(data_e_pad), .PAD(data_e));
PO8 i_sel(.I(sel_pad), .PAD(sel));

control i_control
(
```

```
        .rst_(rst_pad),
        .clk(clk_pad),
        .rd(rd_pad),
        .wr(wr_pad),
        .ld_ir(ld_ir_pad),
        .ld_ac(ld_ac_pad),
        .ld_pc(ld_pc_pad),
        .inc_pc(inc_pc_pad),
        .halt(halt_pad),
        .data_e(data_e_pad),
        .sel(sel_pad),
        .opcode(opcode_pad),
        .zero(zero_pad)
    );

    endmodule
```

5.3.4　编写综合脚本

在 scripts 目录下用 vi 编辑器编写脚本文件 dc_scripts.tcl。在这个设计中，verilog 代码是 chapter14_5.v，顶层设计名称为 checkmatch，在编写脚本文件时注意和要综合的设计名称及端口的一致性。参考脚本文件如下。

```
# dc_scripts.tcl
read_file -format verilog ./rtl/control.v
read_file -format verilog ./rtl/control_pad.v
write -hierarchy -f ddc -out unmapped/control_pad.ddc
list_designs
list_libs
set lib_name typical_1v2c25
current_design control_pad
link
write -hierarchy -f ddc -out unmapped/control_pad.ddc
list_designs
list_libs
# Create clock object and set uncertainty
create_clock  -period 20 [get_ports clk]
set_clock_uncertainty 0.2 [get_clocks clk]
# Set constraints on input ports
suppress_message UID-401
set_driving_cell -library $lib_name -lib_cell AND2X4 [remove_from_collection
[all_inputs] [get_ports clk]]
set_input_delay 0.1 -max -clock clk [remove_from_collection [all_inputs]  [get_ports
clk]]
#set_input_delay 1.2 -max -clock clock [get_ports Neg_Flag]
# Set constraints on output ports
set_output_delay 1 -max -clock clk [all_outputs]
set_load [expr [load_of $lib_name/AND2X4/A] * 15] [all_outputs]

set_dont_touch i_rst true
set_dont_touch i_clk true
set_dont_touch i_zero true
set_dont_touch i_opcode_0 true
set_dont_touch i_opcode_1 true
set_dont_touch i_opcode_2 true
set_dont_touch i_sel true
set_dont_touch i_data_e true
set_dont_touch i_inc_pc true
set_dont_touch i_ld_pc true
```

```
set_dont_touch i_ld_ac true
set_dont_touch i_ld_ir true
set_dont_touch i_wr true
set_dont_touch i_rd true
set_dont_touch i_halt true
set_dont_touch_network opcode[0]
set_dont_touch_network opcode[1]
set_dont_touch_network  opcode[2]

compile_ultra
report_constraint -all > ./rpt/rpt_consitraints
report_timing  > ./rpt/rpt_timing
report_area    > ./rpt/rpt_area
report_power   > ./rpt/rpt_power

write -hierarchy -format ddc -output ./mapped/control_pad.ddc
write -hierarchy -format verilog -output ./mapped/control_pad.v
write_sdc ./mapped/control_pad.sdc
write_sdf ./mapped/control_pad.sdf

list_designs
list_libs
```

5.3.5 综合的执行

在工作目录下使用 dc_shell –64 命令启动 Design Compiler，输入以下命令并回车：

```
source ./scripts/dc_scripts.tcl
```

该命令运行./scripts/dc_scripts.tcl 文件并对设计进行综合，能实时观察综合结果。综合成功后，输出网表、时序约束文件和各种分析报告，其中，网表和时序约束文件保存在./mapped 目录下，各种分析报告保存在./rpt 目录下。

在综合过程中，注意查看报告的 ERROR 和 Warning，及时对引起问题的错误进行修改。

5.3.6 综合结果分析

在目录 rpt 和 mapped 下查看各种输出结果和分析报告，修改./script/dc_script.tcl 中时钟约束和面积约束，查看其对综合结果的影响。图 5-10 至图 5-14 分别是时序分析报告、面积分析报告、功耗分析报告、综合网表以及时序约束文件。

（1）时序分析报告（见图 5-10）

```
■
*********************************
Report : timing
        -path full
        -delay max
        -max_paths 1
Design : checkmatch
Version: H-2013.03-SP5-2
Date   : Fri May 16 18:17:27 2014
*********************************

Operating Conditions: cb13fs120_tsmc_max   Library: cb13fs120_tsmc_max
Wire Load Model Mode: enclosed

  Startpoint: state_reg[0]
              (rising edge-triggered flip-flop clocked by clock)
  Endpoint: match (output port clocked by clock)
  Path Group: clock
  Path Type: max
```

图 5-10 时序报告

```
Des/Clust/Port      Wire Load Model      Library
-----------------------------------------------------
checkmatch          ForQA                cb13fs120_tsmc_max

Point                                    Incr     Path
-----------------------------------------------------
clock clock (rise edge)                  0.00     0.00
clock network delay (ideal)              0.00     0.00
state_reg[0]/CP (dfnrn2)                 0.00     0.00 r
state_reg[0]/QN (dfnrn2)                 0.28     0.28 f
U27/ZN (invbd2)                          0.06     0.34 r
U37/ZN (nd03d0)                          0.15     0.49 f
U28/ZN (nr23d4)                          0.31     0.80 r
match (out)                              0.00     0.80 r
data arrival time                                 0.80

clock clock (rise edge)                  2.00     2.00
clock network delay (ideal)              0.00     2.00
clock uncertainty                       -0.20     1.80

output external delay            -1.00            0.80
data required time                                0.80
-----------------------------------------------------
data required time                                0.80
data arrival time                                -0.80
-----------------------------------------------------
slack (MET)                                       0.00
```

图 5-10　时序报告（续）

（2）面积分析报告（见图 5-11）

```
****************************************
Report : area
Design : checkmatch
Version: H-2013.03-SP5-2
Date   : Fri May 16 18:25:21 2014
****************************************

Library(s) Used:

    cb13fs120_tsmc_max (File: /home1/luweijun/han/lab1/ref/libs/mw_lib/sc/LM/sc_max.db)

Number of ports:                         4
Number of nets:                         27
Number of cells:                        22
Number of combinational cells:          17
Number of sequential cells:              5
Number of macros/black boxes:            0
Number of buf/inv:                       3
Number of references:                   14

Combinational area:            23.250000
Buf/Inv area:                   2.500000
Noncombinational area:         27.000000
Macro/Black Box area:           0.000000
Net Interconnect area:          3.423289

Total cell area:               50.250000
Total area:                    53.673289
1
~
```

图 5-11　面积分析报告

（3）功耗分析报告（见图 5-12）

```
******************************************
Report : power
        -analysis_effort low
Design : checkmatch
Version: H-2013.03-SP5-2
Date   : Fri May 16 18:27:09 2014
******************************************


Library(s) Used:

    cb13fs120_tsmc_max (File: /home1/luweijun/han/lab1/ref/libs/mw_lib/sc/LM/sc_max.db)


Operating Conditions: cb13fs120_tsmc_max   Library: cb13fs120_tsmc_max
Wire Load Model Mode: enclosed

Design          Wire Load Model           Library
-------------------------------------------------------
checkmatch            ForQA               cb13fs120_tsmc_max


Global Operating Voltage = 1.08
Power-specific unit information :
    Voltage Units = 1V
    Capacitance Units = 1.000000pf
    Time Units = 1ns
    Dynamic Power Units = 1mW     (derived from V,C,T units)
    Leakage Power Units = 1pW


  Cell Internal Power  =    7.8861 uW   (65%)
  Net Switching Power  =    4.2379 uW   (35%)
                          ---------


  Total Dynamic Power  =   12.1240 uW  (100%)

  Cell Leakage Power    = 298.7202 nW
```

Power Group	Internal Power	Switching Power	Leakage Power	Total Power	(%) Attrs
io_pad	0.0000	0.0000	0.0000	0.0000 (0.00%)
memory	0.0000	0.0000	0.0000	0.0000 (0.00%)
black_box	0.0000	0.0000	0.0000	0.0000 (0.00%)
clock_network	0.0000	0.0000	0.0000	0.0000 (0.00%)
register	2.3764e-03	1.8469e-03	1.9316e+05	4.4164e-03 (35.55%)
sequential	0.0000	0.0000	0.0000	0.0000 (0.00%)
combinational	5.5098e-03	2.3910e-03	1.0556e+05	8.0063e-03 (64.45%)
Total	7.8861e-03 mW	4.2379e-03 mW	2.9872e+05 pW	1.2423e-02 mW	

图 5-12 功耗报告

（4）综合生成的网表（见图 5-13）

```
module checkmatch ( match, in, clock, reset );
  input in, clock, reset;
  output match;
  wire   N14, N15, N16, N17, N18, n1, n2, n3, n19, n20, n21, n22, n23, n24,
         n25, n26, n27, n28, n29, n30, n31;
  wire   [4:0] state;
```

图 5-13 网表

```
dfnrn1 \state_reg[4] ( .D(N18), .CP(clock), .QN(n1) );
dfnrq1 \state_reg[2] ( .D(N16), .CP(clock), .Q(state[2]) );
dfnrn2 \state_reg[0] ( .D(N14), .CP(clock), .QN(n3) );
dfnrb1 \state_reg[3] ( .D(N17), .CP(clock), .Q(state[3]), .QN(n24) );
dfnrb1 \state_reg[1] ( .D(N15), .CP(clock), .Q(n22), .QN(n2) );
nd02d1 U26 ( .A1(n20), .A2(reset), .ZN(N18) );
invbd2 U27 ( .I(n3), .ZN(n25) );
nr23d4 U28 ( .A1(n24), .A2(n27), .A3(n31), .ZN(match) );
nd02d0 U29 ( .A1(n28), .A2(reset), .ZN(N17) );
nd02d0 U30 ( .A1(n29), .A2(state[2]), .ZN(n28) );
nd02d0 U31 ( .A1(n2), .A2(n25), .ZN(n26) );
nd02d0 U32 ( .A1(n30), .A2(state[3]), .ZN(n20) );
nd12d0 U33 ( .A1(state[2]), .A2(n1), .ZN(n21) );
inv0d1 U34 ( .I(in), .ZN(n19) );
inv0d1 U35 ( .I(n1), .ZN(n27) );
nr04d0 U36 ( .A1(n2), .A2(n25), .A3(n21), .A4(n19), .ZN(n30) );
nd03d0 U37 ( .A1(n2), .A2(state[2]), .A3(n25), .ZN(n31) );
aon211d1 U38 ( .C1(n25), .C2(n22), .B(n21), .A(n31), .ZN(n23) );
aor31d1 U39 ( .B1(in), .B2(n24), .B3(n23), .A(N18), .Z(N14) );
nr04d0 U40 ( .A1(state[3]), .A2(in), .A3(n27), .A4(n26), .ZN(n29) );
nd12d0 U41 ( .A1(n29), .A2(reset), .ZN(N15) );
nd12d0 U42 ( .A1(n30), .A2(reset), .ZN(N16) );
endmodule
```

图 5-13　网表（续）

（5）综合生成的时序约束文件（见图 5-14）

```
################################################################
# Created by write_sdc on Fri May 16 18:39:21 2014

################################################################
set sdc_version 2.0

set_units -time ns -resistance kOhm -capacitance pF -voltage V -current uA
set_driving_cell -lib_cell sdcfq1 -library cb13fs120_tsmc_max [get_ports in]
set_driving_cell -lib_cell sdcfq1 -library cb13fs120_tsmc_max [get_ports clock]
set_driving_cell -lib_cell sdcfq1 -library cb13fs120_tsmc_max [get_ports reset]
set_load -pin_load 0.0525 [get_ports match]
create_clock [get_ports clock] -period 2 -waveform {0 1}
set_clock_uncertainty 0.2 [get_clocks clock]
set_input_delay -clock clock -max 0.1 [get_ports in]
set_input_delay -clock clock -max 0.1 [get_ports reset]
set_output_delay -clock clock -max 1 [get_ports match]
~
~
```

图 5-14　时序约束文件

5.3.7　门级电路仿真

为验证综合后生成的门级网表在功能上是否正确，需要对门级电路进行仿真。与语言级电路仿真不同，此时需要调用相应的延迟信息及库文件等。

（1）在 control_test.v 文件中加入以下语句，以便将 control_pad.sdf 文件标注到测试文件中：

```
Initial $sdf_annotate("control_pad.sdf", c1); //c1 为测试文件中调用 control 电路模块的实例化
```

（2）在对门级电路 control_pad.v 进行仿真时，同时将库文件 smic13g.v 和 SP013D3_V1p2.v 读入（读入这两个库文件时，需要在其前面加入 "-v" 参数）并观察仿真结果。如果仿真出错，请将错误信息列在下面（列出三条即可）

_____

_____

（3）如果有错误，请仔细检查错误原因，修改 control.v 和 control_pad.v 文件，再重新进行语言级仿真、综合和门级仿真，直到结果正确。

（4）（选做）在每一个模块门级仿真均正确之后，设计 tcl 文件，对整个处理器电路进行综合，生成门级电路。

第 6 章

版图设计

在逻辑综合得到与特定工艺相关联的门级网表后，需要进行集成电路版图设计。版图是集成电路制造所用的掩膜上的图形，各层图形对应的工艺步骤不同，每一层版图对应不同图形，版图设计与工艺紧密相关。

6.1　版图设计定义及内容

6.1.1　版图设计定义

集成电路版图设计是依据综合后的门级网表、工艺库文件、时序约束文件等定义掩膜版图的过程，是电路设计的物理描述。它的目标是根据电路的功能和性能要求，以及工艺条件的限制，设计工艺制造过程中必需的光刻掩膜版图。通过集成电路版图设计，可以将立体的电路系统变为一个二维的平面图形，再经过制造工艺加工还原为基于硅材料的立体结构。因此，版图设计是一个上承电路系统、下接集成电路芯片制造的中间桥梁，如图 6-1 所示，是电路系统与集成电路工艺之间的重要环节。

图 6-1　集成电路芯片

6.1.2　版图设计的输入输出

版图设计的输入和输出均包含多个文件，其中，输入包含五个文件，分别是综合后的网表文件、时序约束文件（sdc 文件）、参考库文件（reference 文件）、工艺库文件（tech 文件）和寄生参数库文件（tlup 文件）；

输出包含三个文件，分别是 GDSII 文件、SPEF 寄生参数文件和版图之后的.v 文件，以下分别进行介绍。

1．版图设计的输入

版图设计的输入主要包括 5 个文件。

（1）综合后的网表文件：结构化描述门级电路连接关系的文件。

（2）时序约束文件：SDC（Synopsys Design Constraints）是 Synopsys 的时序约束文件，由 Synopsys 公司的综合工具 Design Compiler 生成，在自动布局布线过程中输入 SDC 文件，布局布线过程需要满足时序约束要求。

（3）参考库文件（reference 文件）主要包括以下文件。

① 普通的库文件（db）：有标准单元库、IO 单元库、RAM 宏单元库等。

② 参考的 Milkyway 物理库（mw_lib）：有各种单元库（IO 单元、标准单元等）文件夹。

（4）工艺库文件（tech 文件）：主要是.tf 工艺库文件。

（5）寄生参数库文件（tlup 文件）：主要是 RC 参数（.tluplus 库文件），用来提取寄生参数。.map 文件主要是用来进行映射的文件。

2．版图设计的输出

版图设计的输出主要包括三个文件。

（1）GDSII 文件

GDSII 是集成电路版图设计中最常用的图形数据描述语言文件格式。GDSII 是二进制格式，无法用文本编辑器阅读，可读性差。在 GDSII 文件中，数据主要是以模块结构（Structure，对应于 L–EDIT 中的 Cell，也可称之为单元）的形式组合而成，每个模块除包含若干称为图素（Element）的几何图形外，还可以在该模块中插入多层次的模块参数。具体地说，一个 GDSII 文件的所有数据都是由一连串的数据块连接组成的（为方便以十六进制形式显示），分别定义了文件头、库文件头、文件库名、数据单位、模块结构头、模块结构名、图素头、层名、数据类型、图素参数、图素坐标、图素尾、模块结构尾、第 2 个模块结构头、第 2 个模块结构名、插入模块结构名（也是图素的一种）、插入模块变换模式、图素尾、第 2 个模块结构尾等，最后以文件尾结束整个文件。每个数据块均包含若干个字节且总字节数必须是偶数，一个字节等于 8 位二进制数。如果原数据为奇数，则最后必须以空字节（00）凑成偶数，数据块至少包含 4 个字节，例如文件尾以 00040400 结束。每个数据块前 4 个字节定义了数据块的大小和功能，即第 1、第 2 字节定义了数据块包含的总字节数，第 3、第 4 字节定义了本数据块的功能，随后才是具体的数据参数，不同功能参数的类型不一样，数据采用整数值表示（例如，十六进制）双字节的 001C 相当于用二进制 BCD 码对应的 0000000000011100 所表示的十进制数 28），名称说明以 ASCII 字符串表示。

（2）SPEF 寄生参数文件

SPEF（Standard Parasitic Exchange Format，SPEF）全称是标准寄生交换格式，属于 IEEE 国际标准文件格式。SPEF 文件格式是从网表中提取出来的，用于表示 RC 值信息，是在提取工具与时序验证工具之间传递 RC 信息的文件格式。

（3）版图之后的.v 文件

版图设计之后得到的 ".v" 文件，用于后续 ASIC 设计的版图后仿真和物理验证。

6.1.3　版图设计用到的库文件

1．版图设计用到的库文件

版图设计中用到的库文件主要包括（以 ICC 为例）物理单元库（reference 库）、逻辑库（.db）、

RC 提取库（Tluplus）、工艺库（.tf）。

物理单元库（reference 库）包含标准单元、宏单元和 IO 单元的物理信息，用于布局和布线。

逻辑库（logic library）包含标准单元和宏单元的功能和时序信息，并包含单元的驱动和负载设计规则。

RC 提取库（TLU+）用于计算连线延迟的模型文件。

工艺库（tf 文件）提供了特定工艺信息，例如：每层金属的名称、物理和电学特性。另外，tf 文件还可以包含设计规则。tf 文件可由 write_mw_lib_files 指令写出。

2．Reference 库单元的视图形式

库单元的两种视图形式如下。

CEL 视图：物理结构的完整布局视图，如通孔、标准单元、宏单元或整个芯片；包含单元的布局、布线、引脚和网表等信息。CEL 视图仅用来产生最后用于制造的掩膜版数据。

FRAM 视图：是 CEL 视图的抽象表示，此视图在布局布线过程中使用，只包含用于布局布线的信息，包含金属阻断区域，也就是金属不被允许的区域，允许有通孔的区域和单元的管脚位置。

另外，在布局布线过程中，会有临时的其他视图形式，可以在 Milkyway 库中查看。在该步骤结束后，相应视图就会消失。

3．单元库类型

物理单元库和逻辑单元库中包括标准单元、I/O 单元和宏单元三种类型。标准单元和 I/O 单元里还有一些特殊的单元。

（1）标准单元

标准单元包含反相器、与门、或门、寄存器、选择器、全加器等多种基本单元。每个标准单元对应不同尺寸和不同驱动能力的单元电路，不同驱动能力电路都是基本尺寸或最小尺寸的整数倍。同一功能的多种电路可以帮助设计者自由地在性能、面积、功耗以及成本之间进行优化。

为了实现 EDA 工具的自动布线功能，标准单元库在设计时需要满足以下设计原则。

① 所有单元都是等高的矩形，或者高度是基本高度的整数倍，宽度可以不一样。

② 所有单元进行版图设计时均采用特定模板，以保证各单元与其他单元在放置时不引起 DRC 错误。

③ 所有单元的输入输出端口的位置、大小、形状应尽量满足网格间距要求，以提高布线效率。

④ 电源线和底线一般位于单元的上下边界，以便于连接共享，减少芯片面积。

（2）I/O 单元

芯片与 PCB 板通信的接口电路统称为 I/O 电路，它作为与外界通信的接口，必须具有较大的驱动能力、抵御静电放电的能力、抗噪声干扰的能力以及足够的带宽和过电保护能力。I/O 单元的组成大致分为三部分，即 PAD 接口、信号缓冲电路和静电放电（ESD, electrostatic discharge）保护电路。对于 I/O 单元，最重要的是要考虑静电放电二等防护。静电放电的基础模型有四种，即人体模型（HBM）、机器模型（MM）、带电器件模型（CDM）和电场感应模型（FIM）。

（3）特殊单元

① 填充单元

填充单元用来填充 I/O 单元和 I/O 单元之间的间隙。对于标准单元，同样有标准填充单元（filler cell），它也是单元库中定义的与逻辑无关的填充物，主要作用是把扩散层连接起来，以满足 DRC 规则和设计需要，并形成电源线和地线轨道（power rails）。

② 电压钳位单元

数字电路中的某些信号端口或闲置信号端口需要钳位在固定的逻辑电平上，电压钳位单元就是按

逻辑功能要求把这些钳位信号通过钳高单元（tie-high）与 V_{DD} 相连，或通过钳低单元（tie-low）与 V_{SS} 相连使它们维持在确定的电位上。电压钳位单元还起到隔离普通信号的特护信号（V_{DD}，V_{SS}）的作用，在作 LVS 分析或形式验证（formal verification）时不致引起逻辑混乱。

③ 二极管单元

为避免芯片加工过程中的天线效应导致器件栅氧击穿，通常布线完成后需要在违反天线规则的栅输入端加入反偏二极管。这些二极管可以把加工过程中金属层累积的电荷释放到地端，以避免器件失效。

④ 去耦单元

当电路中大量单元同时翻转时，会导致充放电瞬间电流增大，使得电路动态供电电压下降或地线电压升高，引起动态电压降（IR-drop）。为避免动态电压降对电路性能的影响，通常在电源和地线之间放置由 MOS 管构成的电容，这种电容称为去耦电容或去耦单元（decap cell）。它的作用是在瞬态电流增大、电压下降时补充电路电流以保持电源和地线之间的电压稳定，防止电源线的电压降和地线电压的升高。去耦单元是与逻辑无关的附加单元。

⑤ 时钟缓冲单元

时序电路设计的一个关键问题是对时钟树的设计。芯片中的时钟信号需要传送到电路中的所有时序单元。为了保证时钟沿到达各个触发器的时间偏差（skew）尽可能得小，需要插入时钟缓冲器来减小负载和平衡延时，在标准单元库中专门设计了供时钟树选用的时钟缓冲单元（clock buffer）和时钟反向器单元（clock inverter）。

⑥ 延时缓冲单元

延时缓冲单元的作用与时钟缓冲单元的作用相类似，它为了调解电路中的一些路径的延时以符合时序电路的要求而设计。例如：在同步电路设计中，通常采用添加延时缓冲单元的方法来保证复位信号到达各个触发器的时间相同，避免因复位信号不一致而导致的系统逻辑混乱。

⑦ 阱连接单元

阱连接单元（well-tap cell）属纯物理单元，没有任何逻辑功能和时序约束，主要用于限制电源或地与衬底之间的电阻大小，减小锁效应。它是先进的低功耗工艺设计中新增加的一种特殊单元。

⑧ 电压转换单元

电压转换单元（level shifter）是先进的低功耗工艺设计中新增加的一种特殊单元，用于低功耗多供电电压设计中，芯片不同电压域模块之间的信号电压转换。种类包括低到高、高到低以及双向电压转换三种，一般低到高电压转换单元有高电压和低电压两个供电端口，此外该单元应放置在电压域的边沿处。

⑨ 隔离单元

隔离单元（isolation）专门用于低功耗设计，它可以和电压转换单元结合在一起，做成具有双重功能的单元。

⑩ 开关单元

开关单元专门用于低功耗的设计中，有精细结构和粗制结构两种。前者目前较少使用，形状上有环状和柱状两种。环状开关单元由 SRPG 单元来实现，柱状开关单元用门控单元来实现。

▌6.2　基于 IC Compiler 的版图设计流程

常用的布局布线（Layout）工具有 Synopsys 公司的 IC Compiler（ICC）、Astro 和 Cadence 公

司的 SOC Encounter。本书以 Synopsys 公司的 ICC 为例来介绍布局布线过程。ICC 是 Synopsys 公司继 Astro 之后推出的另一款为集成电路设计师提供的深亚微米 P&R 工具。该工具的输入是电路门级网表、时序约束文件、厂家的工艺库设计数据，输出是 GDS II 格式的版图文件或可供别的工具继续布线的 DEF 格式文件。

整个版图设计的流程如图 6-2 所示，包括数据准备、布图规划、布局、时钟树综合、布线等关键步骤。

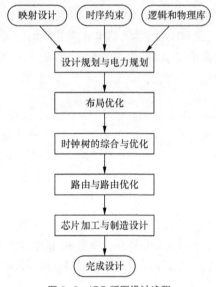

图 6-2　ICC 版图设计流程

数据准备（Design Setup）：设计库和最初设计单元的创建、网表和 sdc 文件的读入、reference 库和工艺库的设置，逻辑"1"和逻辑"0"的处理等。

布图规划（Floorplan）：对芯片（die）大小和形状的规划、芯片输入/输出单元（I/O）的规划、宏单元的规划、电源网络的设计等。

布局（Place）：主要是对标准单元的布局，即时序驱动的过程，其目标是在满足延迟的要求下，尽量减少布线的拥挤度。

时钟树综合（CTS）：创建时钟树结构，通过一级一级的 buffer 来驱动负载（寄存器），其主要目的是减少时钟偏斜（clock skew）。

布线（Route）：完成电源线、信号线和电路单元 pin 的互连，并优化互连结果。

6.2.1　ICC 的启动和关闭

ICC 有两种工作模式：命令行模式和图形界面模式。

命令行模式的启动：icc_shell-64。

图形界面的启动：使用 icc_shell-gui 或者在命令行模式下输入：start_gui。

ICC 退出：在命令行模式下输入 quit 并回车，在图形界面下单击关闭按钮。

可以利用 man 命令来查看各种命令的用法，如：

```
man derive_pg_connection
```

6.2.2　数据准备

在典型的 ICC 版图设计流程中，参考库和设计都保存在 Milkyway 数据库中，可以通过 IC Compiler 创建、访问、保存数据库中包含的设计和库信息。在 ICC 中，使用 open_mw_lib 命令可以打开一个 Milkyway 数据库。Milkyway 库的基本信息单位是单元。一个单元可以是一个简单的通孔，也可以是整个芯片的物理表示。

数据准备过程具体如下。

（1）版图设计的第一步就是要创建一个 Milkyway 库，同时在库里创建一个设计，并把需要的库文件和 Milkyway 库关联起来。

创建库命令如下：

```
create_mw_lib my_lib.mw  -open -tech my.tf -mw_reference_library my_reference_file
```

其中：

my_lib.mw：要创建的 Milkyway 库名；

my.tf：设计要采用的工艺文件；

my_reference_file：包含物理参考库的文件名。

（2）通过 read_verilog 命令读入网表，并保存为一个设计。示例如下：

```
read_verilog -top top_module_name my_design.v
current_design design_name
```

（3）通过 set_tlu_plus_files 命令输入 tluplus RC 寄生参数库。示例如下：

```
set_tlu_plus_files-max_tluplus libs/abc_max.tlup -min_tluplus libs/abc_min.tlup -tech2itf_
map libs/abc.map
```

工具提供寄生计算文件 tlu_plus 文件，也可以使用 SPEF 文件。使用命令：set_tlu_plus_file。

（4）通过 read_sdc 命令设置采用的时序约束文件。示例如下：

```
read_sdc constraints.sdc
```

（5）通过 derive_pg_connection 对门级网表中的 0 和 1 信号进行处理，并和电源地进行逻辑关联。示例如下：

```
derive_pg_connection -power_net PWR -ground_net GND-tie check_mv_design-power_nets
```

6.2.3　布图规划

版图设计中的布图规划用来确定整个芯片的形状、大小、pad 的摆放顺序，包括生成新的 pad（如电源 pad、corner pad）并且提供电源供电方案，包括 core 的供电（内部供电，芯片内部逻辑门供电）和 pad 的供电（I/O 供电）。

布图规划是版图设计规划中必不可少的一个流程环节，因为布图规划一旦确定，整个芯片的面积就定下来了，同时它也与整个设计的时序和布通率（布线能否布通）有着密切的关系。主要内容包括确定芯片的尺寸、标准单元的排列形式、IO 单元及宏单元的位置、电源地网络的分布等。其作用如下。

（1）产生原来不存在的单元，如电源 pad、cornor pad 等。示例如下：

```
#Create corner cells and suply cells
create_cell {cornerll cornerlr cornerul cornerur} PCORNER
create_cell {vss1left vss1right} PVSS1; # core ground
create_cell {vdd1left vdd1right} PVDD1; # core supply
create_cell {vss2top vss2bottom} PVSS2; # pad ground
create_cell {vdd2top vdd2bottom} PVDD2; #pad_supply
```

（2）约束 pad 的摆放位置，包括所有的输入输出 pad、电源 pad、cornor pad 等的摆放位置。可以采用 set_pad_physical_constraints 命令来约束 pad 的摆放位置。示例如下：

```
# Constrain the corners
set_pad_physical_constraints -pad_name "cornerul" -side 1
set_pad_physical_constraints -pad_name "cornerur" -side 2
set_pad_physical_constraints -pad_name "cornerlr" -side 3
set_pad_physical_constraints -pad_name "cornerll" -side 4
#Constrain the uper side ports
set_pad_physical_constraints -pad_name "i_opcode_2" -side 2 -order 1
```

其中，–pad_name 参数指定要约束的 pad 名；–side 参数可以选择 1、2、3 或 4，分别代表左、上、右、下四个方向；–order 参数代表在某一方向上摆放的顺序，其中左侧和右侧的顺序从下向上依次为 1，2，3…，上侧和下侧的顺序从左到右依次为 1，2，3，…。–side 和–order 的示意如图 6–3 所示。

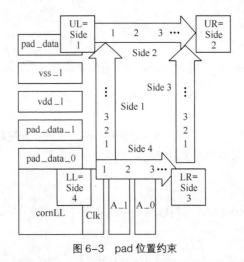

图 6–3　pad 位置约束

（3）通过 create_floorplan 确定整个空间的形状大小和 pad 的摆放位置。

（4）供电方案。

① 插入填充单元形成 pad 电源环

插入填充单元，用来填充 I/O 单元和 I/O 单元之间的间隙。对于标准单元，同样有标准填充单元（filler cell），它也是单元库中定义的与逻辑无关的填充物，它的作用主要是把扩散层连接起来满足 DRC 规则和设计需要，并形成电源线和地线轨道（power rails）。示例如下：

```
###########################################
# Insert Pad Fillers
###########################################
```

```
insert_pad_filler -cell " PFILL001 PFIIL01 PFILL1 PFILL10 PFILL2 PFILL20 PFILL5 PFILL50"
```

② 电源环

在核（core）和 IO 单元之间加入 pad 电源环。利用命令 set_power_ring _strategy core-core-nets 设置电源环，形成 basic_ring，对 core 和 pad 供电。

```
#Applying Power Ring Constraints
create_power_plan_regions core -core
set_power_ring_strategy core -core -nets {VDD VSS} -template basic_ring.\
tpl:basic_ring
#Synthesizing the Power Network
remove_power_plan_strategy -all
set_power_plan_strategy s_basic_no_va \
                                -nets {VDD VSS} -core \
                                -extension {{{nets:VDD}{stop:outermost_ring}}\
                                {{nets: VSS}{stop:outermost_ring}}}\
                                -template ../scripts/pg_mesh.tpl:pg_mesh_top
#create ring
compile_power_plan -ring
#create mesh
compile_power_plan
#Connect vdd vss logic"1" and "0"
derive_pg_connection -create_net; # first create P/G nets defined in UPF FILE
derive_pg_connection -power_net VDD -power_pin VDD \
                        -ground_net VSS -ground_pin VSS; # Connect P/G Pins to supply nets,
derive_pg_connection -power_net VDD  \
                        -ground_net VSS -tie; # Connect P/G Pins to supply nets,
save_mw_cel -as floorplanafterpn
```

产生 basic_ring.tpl 文件和 pg_mesh.tpl 文件，施加约束，产生 mesh 和 ring。

在 scripts 目录下创建 ring，生成约束模板 basic_ring.tpl 文件：

```
template: basic_ring{
 side: horizontal {
        layer: METAL8
        width: 6 6
        spacing: 3
        offset: 0
        }
 side: vertical{
        layer: METAL7
        width: 6 6
        spacing: 3
        offset: 0
}
}
```

在 scripts 目录下创建 mesh，生成约束模板 pg_mesh.tpl 文件：

```
template: pg_mesh_top {
layer: METAL8 {
 direction: horizontal
 width: 5
 spacing: 30
 number:
 pitch: 40
 offset_start: boundary    # user can also specify coordinate as {x y}
 offset_type: edge         # user can also specify centerline
 offset:
 trim_strap: true
```

```
}

layer: METAL7 {
direction: vertical
width: 5
spacing: 30
number:
pitch: 40
offset_start: boundary    # user can also specify coordinate as {x y}
offset_type: edge    # user can also specify centerline
offset:
trim_strap: true
}
advanced_rule: off {
}
}
```

6.2.4 布局

在布图规划结束后，芯片的大小、电源网络、macro 的位置已经确定了，接下来的工作是进行标准单元的布局。

布局工作是时序驱动（timing driven）的，即布局出来的结果要满足时序的要求。ICC 时序分析采用静态时序分析（STA），STA 必须要获得单元延时（cell delay）和线延时（net delay）。

ICC 在布局阶段提供了一个命令 place_opt，在布局之前可以先进行一系列的设置(如电源地 Strap 下面尽量少放置标准单元，以防止出现拥塞)，再通过 place_opt 命令让工具根据设计者的设置约束等完成布局工作。布局优化时设计者可能需要多次执行 place_opt 命令以获得最优化的结果。

core area 标准单元并不是可以随意摆放的，所有的标准单元都被设计成等高不等宽，因此可以被放入同样的 placement row 里面，如图 6-4 所示。

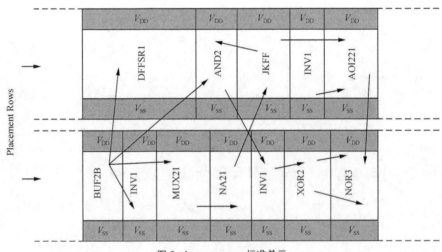

图 6-4 core area 标准单元

6.2.5 时钟树综合

在大规模集成电路中，大部分时序元件的数据传输是由时钟同步控制的时钟频率来决定数据处理和传输的速度，时钟频率是电路性能的最主要标志。在集成电路进入深亚微米阶段，决定时钟频率的主要因素有两个：一是组合逻辑部分的最长电路延时，二是同步元件内的时钟偏斜（clock skew）。随着晶体管尺寸的减小，组合逻辑电路的开关速度不断提高，时钟偏斜成为影响电路性能的制约因素。时钟树综合的主要目的就是减小时钟偏斜。

以一个时钟域为例，一个时钟源点（source）最终要扇出到很多寄存器的时钟端（sink），从时钟源扇出的负载很大，时钟源将无法驱动后面如此之多的负载。这样就需要一个时钟树结构，通过一级一级的 buffer 去驱动最终的叶子结点（寄存器）。

ICC 时钟树综合分为以下三个步骤。

（1）设置时钟综合目标：主要是设置偏斜的目标，一般应尽量放松时钟偏斜的目标，以降低时钟 buffer 数量，减少时钟树综合时间。具体的设置命令采用：

```
set_clock_tree_options
```

（2）设置在时钟树综合过程中优先使用的 buffer，使用如下命令：

```
set_clock_tree_references
```

（3）在设置好 CTS 目标和要采用的 buffer 后，进行具体的 CTS 综合过程，要经历三个阶段。第一个阶段是满足 CTS 设计规则要求，比如满足最大的传输时间、最大的负载电容、最大的扇出、最大的 buffer 层级等。第二个阶段是时钟树优化，在该阶段主要满足最大的偏斜要求和最小的插入延迟。第三个阶段是有新的 buffer 会插入以满足插入延迟需要。

6.2.6　布线

时钟树综合结束之后，接下来的工作是布线。布线是根据电路连接的关系，在满足工艺规则和电学性能的要求下，在指定的区域内完成所需的全部互连，同时尽可能地对连线长度和通孔数目进行优化。

完成预布线以后，一些特定网络的布线（如时钟、总线等一些关键路径）需要严格保证其时序要求。在布线中，这些关键路径的布线被赋予较高的优先级，有时甚至需要进行手工布线。

在布图规划阶段，生成电源地网络时已经完成了电源地网络的布线，布线阶段主要是进行标准单元的信号线的连接。在布图规划阶段给标准电源供电的网格已经生成，布局结束后标准单元上下两边都放到了网格上面。ICC 通过 route_opt 命令完成信号线布线和优化工作。

布线主要由以下四个步骤完成。

（1）全局布线

全局布线（global routing）是为设计中还没有布线的连线规划出布线路径，确定其大体位置及走向，并不做实际的连线，全局布线已经把布线路径映射到了特定的铝线层。

布线工具首先把版图区域划分为不同的布线单元，同时建立布线通道，对连线的网络连接方向和占用的布线资源（布线通道和过孔）、连线的最短路径等进行确定，对布线的拥塞程度进行估计，调整连线网络过度拥塞的部分。

（2）布线通道分配

布线通道分配（track assignment）把每一连线分配到一定的布线通道上，并且对连线进行实际布线。在布线时，尽可能走长直的金属连线，且减小孔的个数，在这个阶段不做 DRC 设计规则检查（如两条金属线的最小间距）。

（3）详细布线

详细布线（detail routing）使用全局布线和布线通道分配过程中产生的路径进行布线和布孔。由于布线通道分配时只考虑尽量走长线，所以会有很多 DRC 违规产生。详细布线时可使用固定尺寸的 sbox 来修复违规。sbox 是整个版图中平均划分的小格子，小格子内部违规会被修复，但小格子边界的 DRC 违规修复不了，这就需要在接下来的步骤中完成修复。

将连线网络所对应的布线资源分配到布线网格中，需要分配布线通道（assign track），使用交换单元进行局部单元的详细布线，最终完成布线连接。

（4）布线修补

布线修补（search and repair）用于修复在详细布线中没有完全消除的 DRC 违规，在此步骤中通过尺寸逐渐加大的 sbox 来寻找和修复 DRC 违规。

6.2.7 参数提取和后仿真

1. 参数提取

用 Synopsys 的 ICC 工具能编写 SPEF 文件，利用 prime times 时序分析工具可以把 SPEF 文件转化成 SDF 文件。

RC 提取的结果是用标准寄生参数格式（SPF）文件来表示的，它们有几种不同的格式，即 DSPF、RSPF 和 SPEF。标准寄生参数交换格式文件（SPEF）增添了电感 L，并将信号的转换时间（slew）也包含进来，使得它的应用更为广泛，在纳米设计中得到了越来越多的应用。利用标准寄生参数交换格式可以记录芯片的寄生参数（电阻和电容）的结果。从 SPEF 文件可以计算芯片在相应条件下的延迟，结果可以用标准延迟格式（SDF）文件表示。

RC 参数文件 SPF 是一个中间信息文件。为了做时序分析和优化处理，首先要进行延迟设计，结果用标准延迟格式（SDF）文件来表示。在特定的 PVT（工艺状况、工作电压和环境温度）条件下，即根据 3 种不同设置，可以获得 3 个相应的 SPEF 文件和 3 个 SDF 文件。和时序单元库一样，SDF 包含的 3 种条件下的 3 组数据，分别为最佳（best 或最快 fast）、典型（typical 或正常 normal）和最差（worst 或最慢 slow）。在静态时序分析时，则分别选用这三种数据进行相应的计算和处理。

2. 版图后仿真

后仿真是指版图设计完成后提取芯片内部寄生参数得到最准确的门延时和互连线延时的仿真。后仿真包括逻辑仿真、时序分析、功耗分析、电路可靠性分析等。

后仿真的来源在于消除或减小理论结果与实际结果之间的差异。版图生成以后，版图中的连线及连线间的寄生电阻、寄生电容，甚至寄生电感（现阶段一般后仿真不包括电感）都是前仿真中没有添加的，即前仿真的网表中认为各根连线的电阻电容均为零。但事实并非如此，如果这些寄生电阻、电容效应足够大，那么实际做出的电路就和前仿真差别较大，且后仿真需要考虑版图中实际连线的 RC 延时。

ICC 生成版图之后，会写出一个电路网表。用 star_rc_xt 命令可抽取版图寄生参数，PT 获得寄生参数信息后写出 SDF 文件，用于反标入电路网表。后仿真的对象是由 ICC 生成的电路网表，后仿真是电路级的仿真。

寄生参数提取和后仿真的过程大致如下。

6.2.8 物理验证

版图的物理验证主要有 DRC（Design Rule Checking，设计规则检查）、ERC（Electrical Rule Checking，电气规则检查）和 LVS（Layout Versus Schematic，电路规则检查）三类。

DRC 用来检查版图的几何图形是否符合工艺规则要求，以便芯片能在工艺线上生产出来。

LVS 把设计得到的版图和逻辑网表进行比较并检查各器件大小和连接关系是否完全一致，即验证版图与原理图的电路结构是否一致。LVS 分两步完成，第一步是"抽取"，第二步是"比较"。首先根据 LVS 提取规则，EDA 工具从版图中抽取出版图所确定的网表文件，然后将抽取出的网表文件与电路网表文件进行比较，抽取的网表文件为晶体管级的 SPICE 网表，而电路网表为门级的 Verilog 网表，该门级网表要转化为 SPICE 网表后才能和抽取的网表进行逻辑等效性比较。

ERC 主要是检查版图电性能（如衬底是否正确接电源或地、有无栅极悬空等）以保证各器件能正常工作。

物理验证成功后则可以流片（Tapeout）或生成 macro cell，作为整个设计的一部分来使用，数据格式一般采用 GDSII。

6.3 版图设计实验

6.3.1 实验内容和目的

本实验对电路综合的结果 control_pad 进行布局布线，以掌握版图设计的基本概念和流程，熟悉采用 Synopsys ICC 工具进行版图设计的基本方法。

6.3.2 实验指导

本实验可采用脚本运行模式和单独命令执行模式实现。脚本文件里的命令均可单独输入。下面以脚本方式介绍。

注意　后续参考代码中，所有出现"\"的地方，都和前一行为同一行代码，因一行写不下所以用此方式标注。

1．初始化工作环境
（1）创建工作目录

在用户根目录下创建 icc 目录 mkdir icc。

在 icc 目录下创建 design_data、run、logs、rm_setup、scripts、output 等目录。

各目录说明如下：

design_data：保存门级网表 control_pad.v 和 control_pad.sdc。

run：工作目录，在此目录下运行脚本，也在这个目录下创建库和设计 cell。

logs：用来存放脚本运行的日志文件。

rm_setup：工具和库的设置目录。

scripts：用于创建并保存脚本文件。

output：存放输出结果。

（2）初始化工作环境

从/home1/student/icc 目录中复制工具配置和基本变量设置脚本文件到相应工作目录（具体复制命令见附录三"cp 命令"）。

2. 数据准备

（1）在 scripts 目录下用 vi 编辑器创建数据准备的脚本文件 design_setup.tcl。

```
# Design_setup.tcl
source ../rm_setup/lcrm_setup.tcl
source -echo ../rm_setup/icc_setup.tcl
# Design Library Creation
        create_mw_lib control_pad.mw -open -tech $TECH_FILE \
            -mw_reference_library $MW_REFERENCE_LIB_DIRS

echo ###############end of creating of the mw lib #######################
# Read the Netlist and Create a Design CEL
if{$ICC_INIT_DESIGN_INPUT == "VERILOG"}  \
    {
     read_verilog -top $DESIGN_NAME \ $ICC_INPUTS_PATH/$ICC_IN_VERILOG_NETLIST_FILE
     current_design $DESIGN_NAME
     uniquify
     save_mw_cel -as $DESIGN_NAME
    }
set_tlu_plus_files -max_tluplus\ SmicSPM4PR8R_starRCXT013_log_mixRF_p1mt8_cell_max_1233_
9k_1f.tluplus -tech2itf_map SmicSPM4PR8R_013_log_mixRF_p1mt8_cell_max_1233_9k_1f.map
###################################################################
#connect to supply nets
###################################################################
derive_pg_connection -create_net; # first create P/G nets defined in UPF FILE
derive_pg_connection -power_net VDD -power_pin VDD \
                        -ground_net VSS -ground_pin VSS;
 # Connect P/G Pins to supply nets,
derive_pg_connection  -power_net VDD -ground_net VSS -create_ports top -tie;
check_mv_design
###################################################################
#Apply and Check Timing Constraints
###################################################################
read_sdc $ICC_INPUTS_PATH/control_pad.sdc
check_timing
report_timing_requirements
report_disable_timing
report_case_analysis
###################################################################
#Check the clocks
###################################################################
report_clock
report_clock -skew
###################################################################
#Timing and optimization controls
###################################################################
```

```
source ../scripts/common_optimization_settings_icc.tcl
set_zero_interconnect_delay_mode true
report_constraint -all
report_timing
set_zero_interconnect_delay_mode false
remove_ideal_network [get_ports "rst_ clk"]
###############################################################
#Save the cel after data setup
###############################################################
save_mw_cel -as data_setup
```

（2）在 run 目录下创建数据准备的运行脚本 design_setup.tcl。

```
# Design_setup.tcl
echo ok
if{[file exists [which design_setup.log]]}
 rm ../logs/design_setup.log
icc_shell -64 -f ../scripts/design_setup.tcl | tee \
-i ../logs/design_setup.log
```

（3）数据准备执行，在 run 目录下启动 icc_shell，并运行数据准备相关步骤。

```
source design_setup.tcl
```

（4）查看 logs 目录下的 design_setup.log 文件，查看运行结果是否有运行错误？如果有，请问是什么错误，把错误写在下面并给出修改方法。

（5）修改错误后，删除 run 目录下已经创建的 control_pad.mw（注意每次重新运行 design_setup.tcl 之前均需要删除 control_pad.mw library，因为执行 design_setup.tcl 会再次创建该 library），再次运行。直到错误被完全修改。查看 run 目录，应该生成了 control_pad.mw 库，库内包含 design_setup cell。在以下的实验中可直接读入 design_setup cell，在此基础上完成版图设计的下一任务——布图规划。

（6）简述 ICC 在数据准备阶段的主要工作。

3.　布图规划

（1）在 scripts 目录下创建布图规划的脚本文件 floorplan.tcl。

```
source ../rm_setup/lcrm_setup.tcl
source -echo ../rm_setup/icc_setup.tcl
open_mw_lib control_pad.mw
copy_mw_cel -from data_setup -to floorplan
open_mw_cel floorplan
#######################################
#Create a Rectangular Block
#######################################
#Create coner cells and suply cells
create_cell {cornerll cornerlr cornerul cornerur} PCORNER
create_cell {vss1left vss1right} PVSS1; # core ground
create_cell {vdd1left vdd1right} PVDD1; # core supply
create_cell {vss2top vss2bottom} PVSS2; # pad ground
create_cell {vdd2top vdd2bottom} PVDD2;  #pad_supply

# Constrain the corners
set_pad_physical_constraints -pad_name "cornerul" -side 1
set_pad_physical_constraints -pad_name "cornerur" -side 2
```

```
set_pad_physical_constraints -pad_name "cornerlr" -side 3
set_pad_physical_constraints -pad_name "cornerll" -side 4

#Constrain the uper side ports
set_pad_physical_constraints -pad_name "i_opcode_2" -side 2 -order 1
set_pad_physical_constraints -pad_name "i_zero" -side 2 -order 2
set_pad_physical_constraints -pad_name "vdd2top" -side 2 -order 3
set_pad_physical_constraints -pad_name "vss2top" -side 2 -order 4
set_pad_physical_constraints -pad_name "i_ld_pc" -side 2 -order 5
set_pad_physical_constraints -pad_name "i_inc_pc" -side 2 -order 6

#Constrain the right side ports
set_pad_physical_constraints -pad_name "i_rd" -side 3 -order 1
set_pad_physical_constraints -pad_name "i_wr" -side 3 -order 2
set_pad_physical_constraints -pad_name "vdd1right" -side 3 -order 4
set_pad_physical_constraints -pad_name "vss1right" -side 3 -order 3
set_pad_physical_constraints -pad_name "i_ld_ir" -side 3 -order 5
set_pad_physical_constraints -pad_name "i_ld_ac" -side 3 -order 6

#Constrain the bottom side ports
set_pad_physical_constraints -pad_name "i_halt" -side 4 -order 1
set_pad_physical_constraints -pad_name "i_data_e" -side 4 -order 2
set_pad_physical_constraints -pad_name "vdd2bottom" -side 4 -order 3
set_pad_physical_constraints -pad_name "vss2bottom" -side 4 -order 4
set_pad_physical_constraints -pad_name "i_sel" -side 4 -order 5
set_pad_physical_constraints -pad_name "i_inc_pc" -side 4 -order 6

#Constrain the left side ports
set_pad_physical_constraints -pad_name "i_rst" -side 1 -order 1
set_pad_physical_constraints -pad_name "i_clk" -side 1 -order 2
set_pad_physical_constraints -pad_name "vdd1left" -side 1 -order 3
set_pad_physical_constraints -pad_name "vss1left" -side 1 -order 4
set_pad_physical_constraints -pad_name "i_opcode_0" -side 1 -order 5
set_pad_physical_constraints -pad_name "i_opcode_1" -side 1 -order 6
#Create floorplan
create_floorplan \
        -control_type aspect_ratio \
        -core_aspect_ratio 1 \
        -core_utilization 0.7 \
        -left_io2core 30 \
        -bottom_io2core 30 \
        -right_io2core 30 \
        -top_io2core 30 \
        -start_first_row
save_mw_cel -as floorplan_io
##########################################
#Place Pins
##########################################
#create_fp_placement -timing
#route_zrt_global -congestion_map_only true \
                    -exploration true
save_mw_cel -as floorplanprepn


##########################################
# Insert Pad Fillers
##########################################
insert_pad_filler -cell " PFILL001 PFILL01 PFILL1 PFILL10 PFILL2 PFILL20 PFILL5 PFILL50"
```

```
##########################################
#Specify Unrouting Layers
##########################################
set_ignored_layers -max_routing_layer METAL6
report_ignored_layers

save_mw_cel -as floorplan_prepns

##########################################
#Create the Power Network
##########################################
######################################
#Performing Power Planning
######################################
#Applying Power Ring Constraints
create_power_plan_regions core -core
#set_power_ring_strategy core -core -nets {VDD VSS}

set_power_ring_strategy core -core -nets {VDD VSS} -template
../lib/icc_dz/IC_Compiler_2012.06/ORCA_TOP/scripts_block/scripts_lu/basic_ring.tpl:b
asic_ring
#Synthesizing the Power Network
remove_power_plan_strategy -all
set_power_plan_strategy s_basic_no_va \
                        -nets {VDD VSS} -core \
                        -extension {{{nets:VDD}{stop:outermost_ring}}\
                        {{nets: VSS}{stop:outermost_ring}}}\
                        -template ../scripts/pg_mesh.tpl:pg_mesh_top
#create ring
compile_power_plan -ring
#create mesh
compile_power_plan
#Connect vdd vss logic"1" and "0"
derive_pg_connection -create_net; # first create P/G nets defined in UPF FILE
derive_pg_connection -power_net VDD -power_pin VDD \
                     -ground_net VSS -ground_pin VSS; # Connect P/G Pins to supply nets,
derive_pg_connection -power_net VDD   \
                     -ground_net VSS -tie; # Connect P/G Pins to supply nets,
save_mw_cel -as floorplanafterpn
##########################################
#Route Standard Cell Rails
##########################################
set_preroute_drc_strategy -min_layer METAL3 -max_layer METAL8
preroute_standard_cells -nets "VDD VSS" \
                        -remove_floating_pieces -do_not_route_over_macros;

create_fp_placement -congestion -timing -no_hierarchy_gravity
route_zrt_global -congestion_map_only true -exploration true
preroute_instances

#Save the design
save_mw_cel -as floorplaned
create_fp_placement -congestion -timing -no_hierarchy_gravity
route_zrt_global -congestion_map_only true \
                 -exploration true
preroute_instances
```

（2）在 scripts 目录下创建 ring，生成约束模板 basic_ring.tpl 文件。

```
template: basic_ring{
    side: horizontal {
            layer: METAL8
            width: 6 6
            spacing: 3
            offset: 0
            }
    side: vertical{
            layer: METAL7
            width: 6 6
            spacing: 3
            offset: 0
    }
}
```

（3）在 scripts 目录下创建 mesh，生成约束模板 pg_mesh.tpl 文件。

```
template: pg_mesh_top {
layer: METAL8 {
 direction: horizontal
 width: 5
 spacing: 30
 number:
 pitch: 40
 offset_start: boundary   # user can also specify coordinate as {x y}
 offset_type: edge   # user can also specify centerline
 offset:
 trim_strap: true
}

layer: METAL7 {
 direction: vertical
 width: 5
 spacing: 30
 number:
 pitch: 40
 offset_start: boundary   # user can also specify coordinate as {x y}
 offset_type: edge    # user can also specify centerline
 offset:
 trim_strap: true
}
advanced_rule: off {
}
}
```

（4）在 run 目录下创建布图规划的运行脚本 floorplan.tcl。

```
#Floorplan
echo ok
if{[file exists [which floorplan.log]]}
 rm ../logs/floorplan.log
icc_shell -64 -f ../scripts/floorplan.tcl | tee -i ../logs/floorplan.log
```

（5）布图规划执行，在 run 目录下启动 icc_shell，并运行 floorplan.tcl，操作如下：

```
source floorplan.tcl
```

在图形界面下可打开设计的不同阶段。

未产生 core ring 和 mesh 前的图形界面如图 6-5 所示。

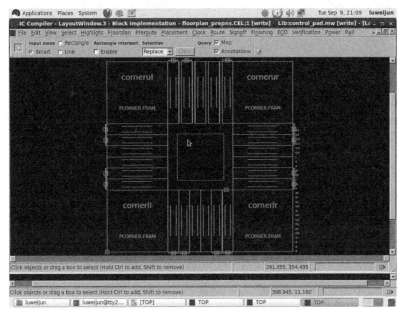

图 6-5　未产生 core ring 和 mesh 前的图形界面

产生 core ring 和 mesh 后的图形界面如图 6-6 所示。

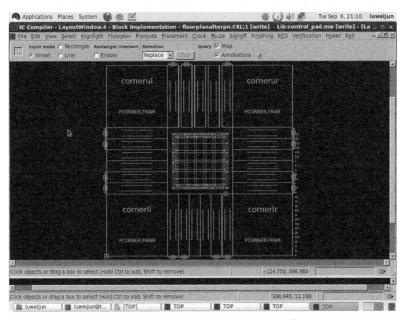

图 6-6　产生 core ring 和 mesh 后的图形界面

电源线和电源 pad 连接后的图形界面如图 6-7 所示。

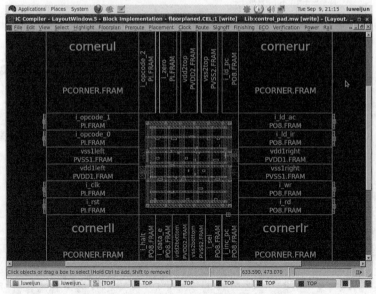

图 6-7　电源线和电源 pad 连接后的图形界面

标准填充单元 pad 填充后，如图 6-8 所示。

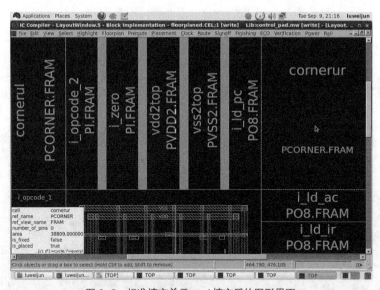

图 6-8　标准填充单元 pad 填充后的图形界面

不要退出 icc_shell，在该界面下启动图形界面，查看在布图规划各个阶段保存的设计图形，思考并回答以下问题：

（1）为什么需要填充标准填充单元 pad？

（2）derive_pg_connection 的作用是什么？

（3）简述布图规划的主要任务。

4．布局

（1）在 scripts 目录下创建布局的脚本文件 place.tcl。

```
#place.tcl
source ../rm_setup/lcrm_setup.tcl
source -echo ../rm_setup/icc_setup.tcl

open_mw_lib control_pad.mw
copy_mw_cel -from floorplaned -to place
open_mw_cel place

####################################################
source -echo ../scripts/common_optimization_settings_icc.tcl
source -echo ../scripts/common_placement_settings_icc.tcl
####################################################
check_physical_design -stage pre_place_opt
set_ideal_network [all_fanout -flat -clock_tree]
place_opt -area_recovery -congestion
psynopt -area_recovery -congestion
refine_placement -congestion_effort high
psynopt -area_recovery -congestion

create_qor_snapshot -name placed
query_qor_snapshot -name placed
save_mw_cel -as placed
```

（2）在 run 目录下创建布局的运行脚本 place.tcl。

```
echo ok
if{[file exists [which place.log]]}
 rm ../logs/place.log
icc_shell -64 -f ../scripts/place.tcl | tee -i ../logs/place.log
```

（3）在 run 目录下运行 source place.tcl 并在图形界面查看布局的结果，查看 log 文件，确认没有执行错误。

布局后的图形界面如图 6-9 所示。

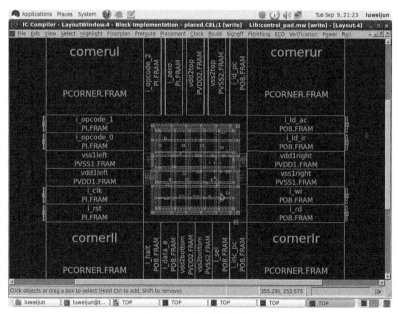

图 6-9　布局后图形界面

（4）简述布局阶段的主要任务。

5. 时钟树综合

（1）在 scripts 目录下创建时钟树综合的脚本文件 cts.tcl。

```
#cts.tcl
source ../rm_setup/lcrm_setup.tcl
source -echo ../rm_setup/icc_setup.tcl
open_mw_lib control_pad.mw
copy_mw_cel -from place -to cts
open_mw_cel place
##################################################
source -echo ../scripts/common_optimization_settings_icc.tcl
source -echo ../scripts/common_placement_settings_icc.tcl
## Source CTS Options
#source -echo common_cts_settings_icc.tcl
##################################################
#Check The Design Before CTS
##################################################
check_physical_design -stage pre_clock_opt
check_clock_tree

##################################################
#Remove all ideal network settings on clocks
##################################################
remove_ideal_network [get_ports clk]
remove_clock_uncertainty [all_clocks]
#set_delay_calculation_options -routed_clock arnoldi

##################################################
#Defining CTS-Specific DRC Values
##################################################

#The default values are to be used
##################################################
#Specifying CTS Targets:Skew and Insertion Delay
##################################################
set_clock_tree_option -target_early_delay 0.9
set_clock_tree_options -target_skew 0.2
report_clock_tree -settings

##################################################
#Control Buffer/Inverter Selection
##################################################

#If we dont define, all the Buffer/Inverter cells can be used

##################################################
#CTS and Timing Optimization
##################################################

#Clock tree synthesis
clock_opt -no_clock_route -only_cts

update_clock_latency
report_clock_tree
report_clock_timing -type skew

#Post CTS Logic Optimization
```

```
set_fix_hold [all_clocks]
clock_opt -no_clock_route -only_psyn
report_clock_tree
report_clock_timing -type skew

#Clock Tree Routing
set_fix_hold [all_clocks]
route_zrt_group -all_clock_nets -reuse_existing_global_route true
report_clock_tree
report_clock_timing -type skew

save_mw_cel -as cts
```

（2）在 run 目录下创建时钟树综合的运行脚本 cts.tcl，命令为 source cts.tcl。

```
#cts.tcl
echo ok
if{[file exists [which cts.log]]}
 rm ../logs/cts.log
icc_shell -64 -f ../scripts/cts.tcl | tee -i ../logs/cts.log
```

（3）在图形界面下查看时钟树综合的结果，查看 log 文件，了解时钟树综合执行过程并确认没有运行错误。

时钟树综合后的图形界面如图 6-10 所示，可以看到综合的时钟树。

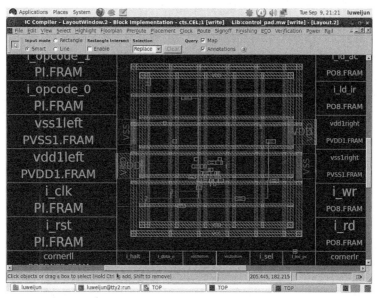

图 6-10　时钟树综合后的图形界面

6．布线

（1）在 scripts 目录下创建布线的脚本文件 route.tcl。

```
#route.tcl
source ../rm_setup/lcrm_setup.tcl
source -echo ../rm_setup/icc_setup.tcl

open_mw_lib control_pad.mw
copy_mw_cel -from cts -to route
open_mw_cel route
```

```
####################################################
source -echo ../scripts/common_optimization_settings_icc.tcl
source -echo ../scripts/common_placement_settings_icc.tcl
####################################################
#Pre-Routing Checks
####################################################
check_physical_design -stage pre_route_opt
all_ideal_nets
all_high_fanout -nets -threshold 20
report_preferred_routing_direction
####################################################
#Pre-Routing Setup
####################################################
derive_pg_connection -power_net VDD -power_pin VDD \
                     -ground_net VSS -ground_pin VSS -tie;# Connect P/G Pins to supply nets,


####################################################
#Route Clock Nets Before Signal Nets
####################################################
route_zrt_group -all_clock_nets -reuse_existing_global_route true
####################################################
#Route the Signal Nets
####################################################
route_opt -initial_route_only
save_mw_cel -as signal_route
####################################################
# Perform full post-route optimization
####################################################
route_opt -skip_initial_route -xtalk_reduction -power
####################################################
#Incremental Optimization
####################################################
# Focus on hold time fixing only
set_fix_hold clk
route_opt -incremental -only_hold_time

save_mw_cel -as routed
#Focus logical DRC violations
set_app_var routeopt_drc_over_timing true
route_opt -effort high -incremental -only_design_rule


####################################################
#Check and Fix Physical DRC Violations
####################################################
verify_zrt_route; # Uses Zroute DRC engine
set_route_zrt_detail_options -repair_shorts_over_macros_effort_level high
route_zrt_detail -incremental true; # Fix DRCs

save_mw_cel -as route
```

（2）在 run 目录下创建布线的执行脚本 route.tcl，命令为 source route.tcl。

```
#route.tcl
echo ok
if{ [file exists [which route.log]]}
 rm ../logs/route.log
icc_shell -64 -f ../scripts/route.tcl | tee -i ../logs/route.log
```

（3）执行 route.tcl，布线后的运行结果如图 6-11 所示。

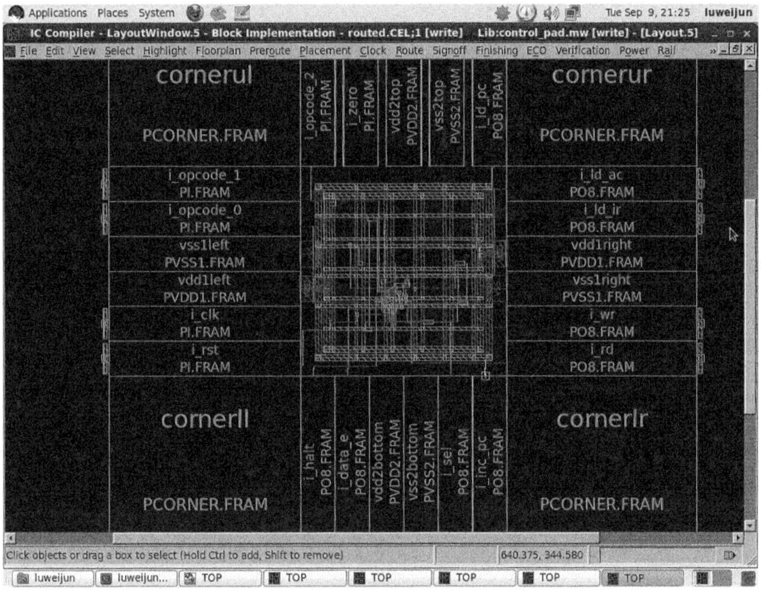

图 6-11　布线后的运行结果

（4）当前设计是否存在 DRC 违规和时序错误？如果有，请对其进行修正，直到 DRC 违规和时序违规为 0。

7．寄生参数的导出和后仿真

（1）利用以下命令导出布线的网表和寄生参数（SPEF 格式）。

```
#############################################
#Write netlist and parasitics
#############################################
open_mw_lib control_pad.mw
copy_mw_cel -from route -to spef
open_mw_cel spef
change_names -hierarchy -rules verilog
write_verilog -no_physical_only_cells \
              -no_unconnected_cells \
              -no_tap_cells         \
              ../output/control_pad_final.v

extract_rc -coupling_cap
write_parasitics -output ../output/control_pad.spef \
                 -format SPEF                \
                 -no_name_mapping
```

（2）SDF 延迟信息生成

PT 读入 SPEF 网表，还有 control_pad_final.v 网表和 cell library，产生 SDF 文件。反标 SDF 文件后，对输出的网表和.v 库文件进行后仿真。编写如下脚本文件：

```
#sdf_gen.tcl
set link_library " /home1/lib/smic/SP013D3_V1p4/syn/SP013D3_V1p2_typ.db /home1/lib/
smic/aci/sc-x/synopsys/typical_1v2c25.db"
read_verilog../output/control_pad_final.v
current_design control_pad
read_db /home1/lib/smic/aci/sc-x/synopsys/typical_1v2c25.db
```

```
read_db /home1/lib/smic/SP013D3_V1p4/syn/SP013D3_V1p2_typ.db
read_parasitics -pin_cap_included ../output/control_pad.spef
write_sdf ../output/control_pad.sdf
```

在 run 目录下执行如下操作：

① 启动 pt_shell；

② 在 pt_shell 命令行下输入 source sdf_gen.tcl。

（3）布局布线后仿真和综合后仿真一样，也要反标 control_pad.sdf。

在仿真中加入 smic13g.v 以及 SP013D3_V1p2.v 库文件进行仿真。

具体命令为：

```
Vcs-full64-v /home1/lib/smic/aci/sc-x/verilog/smic13g.v /home1/lib/smic/SP013D3_V1p4/
verilog/ SP013D3_V1p2.vcontrol_test.v control_pad_final.v +max delays -R
```

其中，control_test.v 为之前进行控制器仿真时使用的测试文件，control_pad.v 为之前保存的网表文件。如果之前的设计操作都是正确的，测试结果应当显示 TEST PASSED。如果有错误，则需要返回仔细查找。

附录一

Verilog 语言要素

本部分内容将介绍 Verilog HDL 的基本要素，包括标识符、注释、数值、编译程序指令、系统任务和系统函数等。另外，还将介绍 Verilog HDL 中的两种数据类型。

1. 标识符

Verilog HDL 中的标识符（identifier）可以是任意一组字母、数字、$符号和_（下划线）符号的组合，但标识符的第一个字符必须是字母或者下划线。另外，标识符是区分大小写的。以下是标识符的几个例子。

```
Count
COUNT //与 Count 不同
_R1_D2
R56_68
FIVE$
```

转义标识符（escaped identifier）可以在一个标识符中包含任何可打印字符。转义标识符以\（反斜线）符号开头，以空白结尾（空白可以是一个空格、一个制表符或一个换行符）。下面是几个转义标识符的例子。

```
\7400
\.*.$
\{******}
\~Q
```

\OutGate　//与 OutGate 相同

最后一个例子解释了在一个转义标识符中，反斜线和结束空格并不是转义标识符的一部分。也就是说，标识符\OutGate 和标识符 OutGate 恒等。

Verilog HDL 定义了一系列保留字，叫作关键词，仅用于某些上下文中。注意：只有小写的关键词才是保留字。例如，标识符 always（关键词）与标识符 ALWAYS（非关键词）是不同的。

另外，转义标识符与关键词并不完全相同。如标识符\initial 与标识符 initial（关键词）不同。注意这一约定与普通转义标识符不同。

2. 注释

在 Verilog HDL 中，有两种形式的注释。

```
/*第一种形式:可以扩展至多行 */
//第二种形式:在本行结束。
```

3．格式

Verilog HDL 区分大小写。也就是说，大小写不同的标识符是不同的。此外，Verilog HDL 是自由格式的，即结构可以跨越多行编写，也可以在一行内编写。空白（新行、制表符和空格）没有特殊意义。下面通过实例解释说明。

```
initial begin Top = 3' b001; #2 Top = 3' b011; end
```

和下面的指令一样：

```
Initial
Begin
Top = 3' b001;
#2 Top = 3' b011;
end
```

4．系统任务和函数

以$符号开始的标识符表示系统任务或系统函数。任务提供了一种封装行为的机制，可在设计的不同部分被调用。任务可以返回 0 个或多个值。函数除只能返回一个值以外，其他与任务相同。此外，函数在 0 时刻执行，即不允许有延迟，而任务可以带有延迟。

```
$display ("Hi, you have reached LT today");
/* $display 系统任务在新的一行中显示。*/
$time
//该系统任务返回当前的模拟时间
```

5．编译指令

以`（反引号）符号开始的某些标识符是编译器指令。在 Verilog 语言编译时，特定的编译器指令在整个编译过程中有效（编译过程可跨越多个文件），直到遇到其他的不同编译程序指令。完整的标准编译器指令如下：

* `define、 `undef

* `ifdef、 `else、 `endif

* `default_nettype

* `include

* `resetall

* `timescale

* `unconnected_drive、 `nounconnected_drive

* `celldefine、 `endcelldefine

（1）`define 和`undef

`define 指令用于文本替换，很像 C 语言中的#define 指令，如：

```
`define MAX_BUS_SIZE 32
...
reg [ `MAX_BUS_SIZE - 1:0 ] AddReg;
```

一旦`define 指令被编译，其在整个编译过程中都有效。例如，通过另一个文件中的`define 指令，MAX_BUS_SIZE 能被多个文件使用。

`undef 指令用于取消前面的定义。例如：

```
`define WORD 16 //建立一个文本宏替代
```

```
...
wire [ `WORD : 1] Bus;
...
`undef WORD
// 在`undef 编译指令后，WORD 的宏定义不再有效
```

（2）`ifdef、`else 和`endif

这三条编译指令用于条件编译，如下所示：

```
`ifdef WINDOWS
parameter WORD_SIZE = 16
`else
parameter WORD_SIZE = 32
`endif
```

在编译过程中，如果已定义了名字为 WINDOWS 的文本宏，就选择第一种参数声明，否则选择第二种参数说明。

`else 编译指令对于`ifdef 指令是可选的。

（3）`default_nettype

该编译指令用于为隐式线网指定线网类型。也就是为那些没有被说明的连线定义线网类型。

```
`default_nettype wand
```

该实例定义的默认线网为"线与"类型。如果在此指令后面的任何模块中没有说明的连线，那么该线网被假定为"线与"类型。

（4）`include

`include 编译指令用于嵌入内嵌文件的内容。文件既可以用相对路径名定义，也可以用全路径名定义，例如：

```
`include " . . / . . /primitives.v"
```

编译时，这一行代码将由文件"../../primitives.v"的内容替代。

（5）`resetall

该编译指令将所有的编译指令重新设置为默认值。

```
`resetall
```

例如，该指令使得默认连线类型为线网类型。

（6）`timescale

在 Verilog HDL 模型中，所有延迟都用单位时间表述。使用`timescale 编译指令可将时间单位与实际时间相关联。该指令用于定义延迟的单位和延迟的精度。`timescale 编译指令格式为：

```
`timescale time_unit / time_precision
```

time_unit 和 time_precision 由值 1、10 和 100 以及单位 s、ms、μs、ns、ps 和 fs 组成。例如：

```
`timescale 1ns/100ps
```

表示延迟单位为 1ns，延迟精度为 100ps。`timescale 编译指令在模块说明的外部出现，并且影响后面所有的延迟值。例如：

```
`timescale 1ns/ 100ps
module AndFunc (Z, A, B);
```

```
output Z;
input A, B;
and # (5.22, 6.17 ) Al (Z, A, B);
//规定了上升及下降延迟值
endmodule
```

编译指令定义延迟以 ns 为单位，并且延迟精度为 1/10ns(100ps)。因此，延迟值 5.22 对应 5.2ns，延迟值 6.17 对应 6.2ns。如果用如下的`timescale 程序指令代替上例中的编译指令：

```
`timescale 10ns/1ns
```

那么，5.22 对应 52ns，6.17 对应 62ns。

在编译过程中，`timescale 指令影响这一编译指令后面所有模块中的延迟值，直至遇到另一个`timescale 指令或`resetall 指令。当一个设计中的多个模块带有自身的`timescale 编译指令时将发生什么？在这种情况下，模拟器总是定位在所有模块的最小延迟精度上，并且将所有延迟都相应地换算为最小延迟精度。例如：

```
`timescale 1ns/ 100ps
module AndFunc (Z, A, B);
output Z;
input A, B;
and # (5.22, 6.17 ) Al (Z, A, B);
endmodule
`timescale 10ns/ 1ns
module TB;
reg PutA, PutB;
wire GetO;
initial
begin
PutA = 0;
PutB = 0;
#5.21 PutB = 1;
#10.4 PutA = 1;
#15 PutB = 0;
end
AndFunc AF1(GetO, PutA, PutB);
endmodule
```

在这个例子中，每个模块都有自身的`timescale 编译指令。`timescale 编译指令第一次应用于延迟。因此，在第一个模块中，5.22 对应 5.2ns，6.17 对应 6.2ns；在第二个模块中，5.21 对应 52ns，10.4 对应 104ns，15 对应 150ns。如果仿真模块 TB，设计中的所有模块的最小延迟精度为 100ps。因此，所有延迟（特别是模块 TB 中的延迟）将换算成精度为 100ps。延迟 52ns 现在对应 520*100ps，104 对应 1040*100ps，150 对应 1500*100ps。更重要的是，仿真使用 100ps 为延迟精度。如果仿真模块 AndFunc，由于模块 TB 不是模块 AddFunc 的子模块，模块 TB 中的`timescale 程序指令将不再有效。

（7）`unconnected_drive 和`nounconnected_drive

在模块实例化中，出现在两个编译指令间的任何未连接的输入端口或者为正偏电路状态或者为反偏电路状态。

```
`unconnected_drive pull1
...
/*在这两个程序指令间的所有未连接的输入端口为正偏电路状态（连接到高电平）*/
`nounconnected_drive
`unconnected_drive pull0
...
/*在这两个程序指令间的所有未连接的输入端口为反偏电路状态（连接到低电平）*/
`nounconnected_drive
```

（8）`celldefine 和`endcelldefine

这两个程序指令用于将模块标记为单元模块，表示包含模块定义，如下例所示。

```
`celldefine
module FD1S3AX (D, CK, Z);
...
endmodule
`endcelldefine
```

某些 PLI 例程将使用单元模块。

6. 值集合

Verilog HDL 有下列四种基本值。

- 0：逻辑 0 或"假"

- 1：逻辑 1 或"真"

- x：未知

- z：高阻

注意　这四种值的解释都内置于语言中。如一个为 z 的值总是意味着高阻抗，一个为 0 的值通常是指逻辑 0。

在门的输入或一个表达式中，为"z"的值通常解释成"x"。此外，x 值和 z 值都是不区分大小写的，也就是说，值 0x1z 与值 0X1Z 相同。Verilog HDL 中的常量都是由以上这四种基本值组成的。

Verilog HDL 中有三类常量。

- 整型

- 实数型

- 字符串型

下划线（_）符号可以随意用在整数或实数中，它们就数量本身没有意义，但能提高易读性；唯一的限制是下划线符号不能用作首字符。

（1）整型数

整型数可以按简单的十进制格式和基数格式两种方式书写。

① 简单的十进制格式

这种形式的整数格式为带有一个可选的"+"（一元）或"−"（一元）操作符的数字序列。下面是这种简易十进制形式整数的例子。

```
32      十进制数 32
−15     十进制数 −15
```

这种形式的整数值代表一个有符号的数。负数可使用两种补码形式表示。因此 32 在 5 位二进制形式中为 10000，在 6 位二进制形式中为 110001；−15 在 5 位二进制形式中为 10001，在 6 位二进制形式中为 110001。

② 基数格式

这种形式的整数格式为：

```
[size ] 'base value
```

size 定义以位计的常量的位长，base 为 o 或 O（表示八进制）、b 或 B（表示二进制）、d 或 D（表示十进制）、h 或 H（表示十六进制）之一，value 是基于 base 的值的数字序列。值 x 和 z 以及十六进制中的 a~f（不区分大小写）。下面是一些具体实例。

5'O37	5 位八进制数
4'D2	4 位十进制数
4'B1x_01	4 位二进制数
7'Hx	7 位 x（扩展的 x），即 xxxxxxx
4'hZ	4 位 z（扩展的 z），即 zzzz
4'd–4	非法：数值不能为负
8'h 2A	非法：在位长和字符之间，以及基数和数值之间不允许出现空格
3'b001	非法：'和基数 b 之间不允许出现空格
（2+3）'b10	非法：位长不能为表达式

x（或 z）在十六进制值中代表 4 位 x（或 z），在八进制值中代表 3 位 x（或 z），在二进制值中代表 1 位 x（或 z）。

采用基数格式计数形式的数通常为无符号数。这种形式的整型数的长度定义是可选的。如果没有定义一个整数型的长度，其长度为相应值中定义的位数。下面是两个例子。

'o721	9 位八进制数
'hAF	8 位十六进制数

如果定义的长度比为常量指定的长度长，通常在左边添 0 补位。如果最左边一位为 x 或 z，就相应地用 x 或 z 在左边补位。例如：

10'b10	左边添 0 占位，0000000010
10'bx0x1	左边添 x 占位，xxxxxxx0x1

如果长度定义得更小，那么最左边的位相应地将被截断。例如：

3'b1001_0011 与 3'b011 相等

5'H0FFF 与 5'H1F 相等

? 字符在数中可以代替值 z，在值 z 被解释为不区分大小写的情况下能提高可读性。

（2）实数

实数可以用十进制计数法和科学计数法两种形式定义。

① 十进制计数法

2.0

5.678

11572.12

0.1

2.　　　　非法：小数点两侧必须有 1 位数字

② 科学计数法

23_5.1e2 其值为 23510.0; 忽略下划线

3.6E2 360.0 (e 与 E 相同)

5E – 4 0.0005

Verilog 语言定义了实数如何隐式地转换为整数，即通过四舍五入转换为最相近的整数。

42.446，42.45 转换为整数 42

92.5，92.699 转换为整数 93

－ 15.62 转换为整数 － 16

－ 26.22 转换为整数 － 26

（3）字符串

字符串是双引号内的字符序列，不能分成多行书写。例如：

"INTERNAL ERROR"

"REACHED － >HERE"

用 8 位 ASCII 值表示的字符可看作是无符号整数，因此字符串是 8 位 ASCII 值的序列。为存储字符串"INTERNAL ERROR"，变量需要 8×14 位。

```
reg [1 : 8*14] Message;
...
Message = "INTERNAL ERROR"
```

反斜线（\）用于对确定的特殊字符进行转义。

```
\n    换行符
\t    制表符
\\    字符\本身
\"    字符"
\206  八进制数 206 对应的字符
```

7．参数

参数是一个常量，经常用于定义延迟和变量的宽度。使用参数说明的参数只被赋值一次。参数说明形式如下：

```
parameter param1 = const_expr1, param2 = const_expr2, ...,
paramN = const_exprN;
```

下面为具体实例。

```
parameter LINELENGTH = 132, ALL_X_S = 16'bx;
parameter BIT = 1, BYTE = 8, PI = 3.14;
parameter STROBE_DELAY = ( BYTE + BIT) / 2;
parameter TQ_FILE = " /home/bhasker/TEST/add.tq";
```

参数值也可以在编译时被改变。改变参数值可以使用参数定义语句或通过在模块初始化语句中定义参数值实现。

8．数据类型

Verilog HDL 有两大类数据类型。

① 线网类型（net type）：表示 Verilog 结构化元件间的物理连线。它的值由驱动元件的值决定，例如连续赋值或门的输出。如果没有驱动元件连接到线网，线网的默认值为 z。

② 寄存器类型（register type）：表示一个抽象的数据存储单元，它只能在 always 语句和 initial 语句中被赋值，并且其值从一个赋值到另一个赋值被保存下来。寄存器类型的变量具有 x 的默认值。

（1）线网类型

线网数据类型包含下述不同种类的线网子类型。

```
* wire
* tri
* wor
* trior
* wand
```

```
* triand
* trireg
* tri1
* tri0
* supply0
* supply1
```

简单的线网类型说明语法为：

```
net_kind [msb:lsb] net1, net2, ..., netN;
```

net_kind 是上述线网类型中的一种；msb 和 lsb 是用于定义线网范围的常量表达式，范围定义是可选的；如果没有定义范围，默认的线网类型为 1 位。下面是线网类型说明实例。

```
wire Rdy, Start; //2 个 1 位的连线
wand [2:0] Addr; //Addr 是 3 位线与
```

当一个线网有多个驱动器时，即对一个线网有多个赋值时，不同的线网产生不同的行为。如下例：

```
wor Rde;
...
assign Rde = Blt & Wyl;
...
assign Rde = Kbl | Kip;
```

本例中，Rde 有两个驱动源，分别来自于两个连续赋值语句。由于它是线或线网，Rde 的有效值将由使用驱动源的值（右边表达式的值）的线或（wor）表决定。

① wire 和 tri 线网

用于连接单元的连线是最常见的线网类型。连线与三态线（tri）网的语法和语义一致；三态线可以用于描述多个驱动源驱动同一根线的线网类型；并且没有其他特殊的意义。

```
wire Reset;
wire [3:2] Cla, Pla, Sla;
tri [ MSB - 1 : LSB +1] Art;
```

如果多个驱动源驱动一个连线（或三态线网），线网的有效值由下表决定。

```
wire（或 tri）
0 1 x z
0 0 x x 0
1 x 1 x 1
x x x x x
z 0 1 x z
```

下面是一个具体实例：

```
assign Cla = Pla & Sla;
...
assign Cla = Pla ^ Sla;
```

在这个实例中，Cla 有两个驱动源。两个驱动源的值（右侧表达式的值）用于在上表中索引，以便决定 Cla 的有效值。由于 Cla 是一个向量，每位的计算是相关的。例如，如果第一个右侧表达式的值为 01x，第二个右侧表达式的值为 11z，那么 Cla 的有效值是 x1x（第一位 0 和 1 在表中索引到 x，第二位 1 和 1 在表中索引到 1，第三位 x 和 z 在表中索引到 x）。

② wor 和 trior 线网

"线或"指如果某个驱动源为 1，那么线网的值为 1。"线或"和"三态线或（trior）"在语法和功

能上是一致的。

```
wor [MSB:LSB] Art;
trior [MAX-1: MIN-1] Rdx, Sdx, Bdx;
```

如果多个驱动源驱动这类网，线网的有效值由下表决定。

```
wor（或 trior）
  0 1 x z
0 0 1 x 0
1 1 1 1 1
x x 1 x x
z 0 1 x z
```

③ wand 和 triand 线网

"线与（wand）"指如果某个驱动源为 0，那么线网的值为 0。"线与"和"三态线与（triand）"网在语法和功能上是一致的。

```
wand [-7 : 0] Dbus;
triand Reset, Clk;
```

如果这类线网存在多个驱动源，线网的有效值由下表决定。

```
wand（或 triand）
  0 1 x z
0 0 0 0 0
1 0 1 x 1
x 0 x x x
z 0 1 x z
```

④ trireg 线网

trireg 线网用于存储数值（类似于寄存器），也用于电容节点的建模。当三态寄存器（trireg）的所有驱动源都处于高阻态，也就是值为 z 时，三态寄存器线网将保存作用在线网上的最后一个值。此外，三态寄存器线网的默认初始值为 x。

```
trireg [1:8] Dbus, Abus;
```

⑤ tri0 和 tri1 线网

这类线网可用于线逻辑的建模，即线网有多于一个驱动源。tri0（tri1）线网的特征是：若无驱动源驱动，它的值为 0（tri1 的值为 1）。

```
tri0 [-3:3] GndBus;
tri1 [0:-5] OtBus, ItBus;
```

下表显示在多个驱动源情况下 tri0 或 tri1 网的有效值。

```
tri0 (tri1)
  0 1 x z
0 0 x x 0
1 x 1 x 1
x x x x x
z 0 1 x 0(1)
```

⑥ supply0 和 supply1 线网

supply0 线网用于对"地"建模，即低电平 0；supply1 线网用于对电源建模，即高电平 1。例如：

```
supply0 Gnd, ClkGnd;
supply1 [2:0] Vcc;
```

⑦ 未说明的线网

在 Verilog HDL 中，有可能不必声明某种线网类型。在这种情况下，默认线网类型为 1 位线网。可以使用 `default_nettype 编译指令改变这一隐式线网说明方式。使用方法如下：

```
`default_nettype net_kind
```

例如，带有下列编译指令：

```
`default_nettype wand
```

任何未被说明的线网默认为 1 位线与网。

⑧ 向量和标量线网

在定义向量线网时可选用关键词 scalared 或 vectored。如果一个线网定义时使用了关键词 vectored，那么就不允许位选择和部分选择该线网。换句话说，必须对线网整体赋值。例如：

```
wire vectored [3:1] Grb;
//不允许位选择 Grb[2]和部分选择 Grb [3:2]
wor scalared [4:0] Best;
//与 wor [4:0] Best 相同，允许位选择 Best [2]和部分选择 Best [3:1]。
```

如果没有定义关键词，默认值为标量。

（2）寄存器类型

有 5 种不同的寄存器类型。

* reg

* integer

* time

* real

* realtime

① reg 寄存器类型

reg 是最常见的寄存器数据类型，用保留字 reg 加以说明，形式如下：

```
reg [ msb: lsb] reg1, reg2, ... regN;
```

msb 和 lsb 定义了范围，并且均为常数表达式。范围定义是可选的；如果没有定义范围，默认值为 1 位寄存器。例如：

```
reg [3:0] Sat; //Sat 为 4 位寄存器
reg Cnt; //1 位寄存器
reg [1:32] Kisp, Pisp, Lisp;
```

寄存器可以取任意长度。寄存器中的值通常被解释为无符号数，例如：

```
reg [1:4] Comb;
...
Comb = -2; //Comb 的值为 14 (1110)，1110 是 2 的补码
Comb = 5; //Comb 的值为 15 (0101)
```

② 存储器

存储器是一个寄存器数组。使用如下方式说明：

```
reg [ msb: 1sb] memory1 [ upper1: lower1],
memory2 [upper2: lower2], ...
```

例如：

```
reg [0:3 ] MyMem [0:63]
//MyMem 为 64 个 4 位寄存器的数组
reg Bog [1:5]
//Bog 为 5 个 1 位寄存器的数组
```

MyMem 和 Bog 都是存储器。注意存储器属于寄存器数组类型，数组的维数不能大于 2。线网数据类型则没有相应的存储器类型。

单个寄存器说明既可以用于说明寄存器类型，也可以用于说明存储器类型。

```
parameter ADDR_SIZE = 16, WORD_SIZE = 8;
reg [1: WORD_SIZE] RamPar [ ADDR_SIZE - 1 : 0], DataReg;
```

RamPar 是存储器，是 16 个 8 位寄存器数组，而 DataReg 是 8 位寄存器。

在赋值语句中需要注意如下区别：存储器赋值不能在一条赋值语句中完成，而寄存器可以。因此在存储器赋值时，需要定义一个索引。下例说明它们之间的区别。

```
reg [1:5] Dig; //Dig 为 5 位寄存器
...
Dig = 5'b11011;
```

上述赋值都是正确的，但下述赋值不正确：

```
reg BOg[1:5]; //Bog 为 5 个 1 位寄存器的存储器
. . .
Bog = 5'b11011;
```

有一种为存储器赋值的方法是分别对存储器中的每个字赋值。例如：

```
reg [0:3] Xrom [1:4]
...
Xrom[1] = 4'hA;
Xrom[2] = 4'h8;
Xrom[3] = 4'hF;
Xrom[4] = 4'h2;
```

为存储器赋值的另一种方法是使用系统任务，如：

```
$readmemb（加载二进制值）
$readmemh（加载十六进制值）
```

这些系统任务从指定的文本文件中读取数据并加载到存储器。文本文件必须包含相应的二进制或者十六进制数。例如：

```
reg [1:4] RomB [7:1];
$ readmemb ("ram.patt", RomB);
```

RomB 是存储器。文件"ram.patt"必须包含二进制值，也可以包含空白空间和注释。下面是文件中可能内容的实例。

```
1101
1110
1000
```

```
0111
0000
1001
0011
```

系统任务$readmemb 从索引 7 即 RomB 最左边的字索引开始读取值。如果只加载存储器的一部分，值域可以在$readmemb 方法中显式定义。例如：

```
$readmemb ("ram.patt", RomB, 5, 3);
```

在这种情况下，只有 RomB[5]，RomB[4]和 RomB[3]这些字从文件头开始被读取。被读取的值为 0000、0111 和 1000。

文件可以包含显式的地址形式。

```
@hex_address value
```

如下实例：

```
@5 11001
@2 11010
```

在这种情况下，值被读入存储器指定的地址。

当只定义开始值时，连续读取直至到达存储器右端索引边界。例如：

```
$readmemb ("rom.patt", RomB, 6);
//从地址 6 开始，并且持续到 1
$readmemb ( "rom.patt", RomB, 6, 4);
//从地址 6 读到地址 4
```

③ Integer 寄存器类型

整数寄存器包含整数值。整数寄存器可以作为普通寄存器使用，典型应用为高层次行为建模。使用整型说明形式如下：

```
integer integer1, integer2, ... intergerN [msb:lsb];
```

msb 和 lsb 是定义整数数组界限的常量表达式，数组界限的定义是可选的。注意允许无位界限的情况。一个整数最少容纳 32 位。但是具体实现可提供更多位。下面是整数说明的实例。

```
integer A, B, C; //3 个整数寄存器
integer Hist [3:6]; //一组 4 个寄存器
```

一个整数寄存器可用于存储有符号数，并且算术操作符提供 2 的补码运算结果。整数不能作为位向量访问。例如，对于上面的整数 B 的说明，B[6]和 B[20:10]是非法的。一种截取位值的方法是将整数赋值给一般的 reg 类型变量，然后从中选取相应的位，如下所示：

```
reg [31:0] Breg;
integer Bint;
...
//Bint[6]和 Bint[20:10]是不允许的
...
Breg = Bint;
/*现在，Breg[6]和 Breg[20:10]是允许的，并且从整数 Bint 获取相应的位值。*/
```

上例说明了如何通过简单的赋值将整数转换为位向量。类型转换自动完成，不必使用特定的函数。从位向量到整数的转换也可以通过赋值完成。例如：

```
integer J;
reg [3:0] Bcq;
J = 6; //J 的值为 32'b0000...00110。
Bcq = J; // Bcq 的值为 4'b0110
Bcq = 4'b0101;
J = Bcq; //J 的值为 32'b0000...00101
J = -6; //J 的值为 32'b1111...11010
Bcq = J; //Bcq 的值为 4'b1010
```

注 意　赋值总是从最右端的位向最左边的位进行，任何多余的位将被截断。如果你能够回忆起整数是作为 2 的补码位向量表示的，就很容易理解类型转换。

④ time 类型

time 类型的寄存器用于存储和处理时间。time 类型的寄存器使用下述方式加以说明。

```
time time_id1, time_id2, ..., time_idN [ msb:lsb];
```

msb 和 lsb 是表明范围界限的常量表达式。如果未定义界限，每个标识符存储一个至少 64 位的时间值。时间类型的寄存器只存储无符号数。例如：

```
time Events [0:31]; //时间值数组
time CurrTime; //CurrTime 存储一个时间值
```

⑤ real 和 realtime 类型

实数寄存器（或实数时间寄存器）使用如下方式说明：

```
//实数说明:
real real_reg1, real_reg2, ..., real_regN;
//实数时间说明:
realtime realtime_reg1, realtime_reg2, ..., realtime_regN;
```

realtime 与 real 类型完全相同。例如：

```
real Swing, Top;
realtime CurrTime;
```

real 说明的变量的默认值为 0。不允许对 real 声明值域、位界限或字节界限。

当将值 x 和 z 赋予 real 类型寄存器时，这些值作 0 处理。

```
real RamCnt;
…
RamCnt = 'b01x1Z;
```

RamCnt 在赋值后的值为'b01010。

附录二

各阶段常用命令使用说明

一、RTL 阶段常用命令使用

1. 语法分析和仿真命令格式

```
vcs -full64  filetest.v  filename.v  -R
```

其中，filetest1.v 表示激励文件，filename2.v 表示电路文件，两者顺序不可交换。

2. 子模块作语法分析命令

```
vcs -full64  -c  submod.v
```

3. 对文件批处理作语法分析命令

```
vcs -full64 -c  -f  run.f
```

4. 对文件批处理仿真命令

```
vcs -full64  -f  run.f  -R
```

5. 进入交互式仿真环境命令

```
dve&
```

参数选项解释如下。

-full64 表示强制选择 64 位操作系统。

-R 是告诉 VCS 在编译完成以后直接运行可执行文件，如果在编译的时候没有带上-R 选项，编译完成以后 VCS 直接退出，但是在相应的目录下会产生一个可执行文件。

-c 只作语法分析。

-f filename 指定包含源文件列表和编译时选项的文件，包括 C 源文件和目标文件。

-I filename 指定 VCS 记录编译消息的文件。如果还输入-R 选项，则 VCS 会在同一文件中记录来自编译和模拟的消息。

-l filename 指定一个 VCS 产生的 log 文件名，如果键入了-R 选项，那么在编译和仿真的时候都会将 log 内容打印到 log 文件中。

+define 将源代码中的文本宏定义为值或字符串。可以使用'ifdef 编译器指令在 Verilog 源代码中测试此定义。如果字符串中有空格，则必须用引号将其括起来。

　　*run.f 文件是批处理文件，一般包含需要进行仿真的测试文件、电路文件和一些需要调用的库文件。使用*run.f 文件是在仿真调试过程中简化命令输入的一种方式。

　　以上所有 VCS 相关命令，均可在 VCS 手册中查看。

二、电路综合阶段常用命令

1．指定单元库命令

　　单元库中包含了各个门级单元的行为、引脚、面积以及时序信息（有的单元库还有功耗方面的参数），指定单元库命令如下：

```
set target_library m_tech.db
```

2．指定链接库命令

　　设置链接库（link_library）时应设置 search_path，链接库默认是在 DC 的目录下寻找相关引用，因此要找到使用的链接库，需指定链接库所在目录。使用以下命令设置 search_path，将链接库的位置加入到当前目录 db_file 下。

```
lappend search_path {db_file}
```

3．设置符号库命令

　　分析电路时需要设置符号库（symbol_library），如果没有设置，DC 会用默认的符号库取代。设置符号库的命令如下：

```
set symbol_library your_library.sdb
```

4．读取设计文件命令

　　Design Compiler 支持多种硬件描述格式，如.db、.v、.vhd 等。对于 TCL 的工作模式来说，读取不同的文件格式需要使用不同的命令。两种工作模式读取命令的基本格式如下：

```
read_db file.db          //TCL 工作模式读取 DB 格式
read_verilog file.v      //TCL 工作模式读取 verilog 格式
read_vhdl file.vhd       //TCL 工作模式读取 VHDL 格式
```

5．定义时钟约束命令

　　在电路综合的过程中，所有时序电路以及组合电路的优化都是以时钟为基准来计算路径延时的，因此，一般都要在综合的时候指定时钟，作为估计路径延时的基准。定义时钟采用 create_clock 语句完成，命令如下：

```
create_clock -period 5 [get_ports clk]
set_dont_touch_network [get_clocks clk]
```

　　第一行代码定义一个周期为 5ns 的时钟，时钟源是一个名为 clk 的端口。第二行代码把所有定义的时钟网络设置为 don't_touch，即综合的时候不对 clk 信号优化。

6．设置输入延时命令

　　对输入路径的时序约束主要通过定义输入延时来实现。输入延时是指被综合模块外的寄存器触发的信号在到达被综合模块之前经过的延时。设置输入延时是通过 DC 的 set_input_delay 命令完成的，具体如下：

```
set_input_delay -max 4 -clock clk [get_ports A]
```

代码指出被综合模块的端口 A 的最大输入延时为 4ns；–max 选项指明目前设置的是输入的最大延迟；还有一个选项是–min，它是针对保持时间的约束使用的；–clk 指出这个端口受哪个时钟周期的约束。

7. 设置输出延时命令

对输出路径的时序约束主要通过定义输出延时来实现。输出延时是指本电路端口到达本电路之外电路触发器所需要的延时。设置输出延时是通过 DC 的 set_output_delay 命令完成的，具体如下：

```
set_output_delay -max 5.4 -clock clk [get_ports B]
```

代码指出被综合模块的输出端口 B 的最大输出延时为 5.4ns，–max 选项指明目前设置的是输出的最大延迟，–clk 指出这个端口受哪个时钟周期的约束。

8. 由输入到输出的总延时命令

对于仅包含组合逻辑的模块，可用如下命令约束所有输入到输出的总延时：

```
set_max_delay 5-from all_inputs() -to all_outputs
```

9. 定义时钟和其他时钟的关系命令

对于含有多个时钟的模块，可以用通常的方法定义一个时钟，再用以下命令定义时钟和其他时钟的关系：

```
set_max_delay  0 -from CK2  -to all_register(clock_pin)
```

10. 设置最小延时命令

对于仅包含组合逻辑的模块，定义指定路径的最小延时的命令如下：

```
set_min_delay 3-from all_inputs()
```

11. 定义面积约束命令

芯片面积直接关系到芯片的成本，面积越大，成本越高。设计集成电路时总是希望面积尽量小，以减小芯片成本。定义面积约束的命令如下：

```
set max_area 20000
```

代码给名为 max_area 的设计施加了一个最大面积 20000 单位的约束。20000 的具体单位是由 Foundry 规定的。

12. 设置环境属性命令

被综合模块周围环境的变化会导致延时有相应的改变。设置环境属性主要通过以下命令完成：

```
set_operating_condition  //设置的环境条件
set_driving_cell  //设置的驱动条件，输入管脚外部所接入的驱动有多大
set_load  //输出管脚外接的负载有多大
set_wire_load_model  //综合时连线计算
```

13. 设置工作条件命令

芯片供应商提供的库通常有 max、type、min 三种类型，分别代表操作环境为最坏（worst）、典型（type）、最好（best）三种情况。同时优化用于指示 DC 对设计的 WORST 和 BEST 条件的命令如下：

```
set_operating_conditions-min BEST-max WORST
```

14. 设定输出负载命令

综合出来的电路必须要驱动下一级电路。如果负载取得过小，下级电路无法正常工作；如果负载

取得过大，会增大上一级电路的难度。设定输出负载的命令如下：

```
set_load<value><object list>
```

15. 设置输入驱动命令

驱动是指施加到待综合电路的驱动能力。如果取值不当，综合出来的电路就不能正常工作。设置输入驱动的命令如下：

```
set_driving_cell -cell<cell name> -pin<pin name><object list>
```

代码中的 set_driving 命令用特定的驱动阻抗来设置输入端口的驱动强度，保证输出路径的时序，确定输入信号的 transition time。在默认的情况下，DC 认为驱动输入的单元的驱动能力为无穷大，即 transition time 为 0。

16. 设置连线负载模型命令

在 DC 综合的过程中，连线延时是通过设置连线负载模型确定的。连线负载模型基于连线的扇出和估计电阻电容等寄生参数得出。设置连线负载模型的命令如下：

```
set_wire_load <wire-load model> -mode <top|enclosed|segmented>
```

17. 获取综合结果报告命令

综合后将会输出很多结果报告，其中最常用到的是延时报告、面积报告和功耗报告。

（1）使用 report_timing 命令可以产生延时信息报告（该命令对当前设计有效），命令如下：

```
report_timing
    -to <路径终点列表>：需要计算延时的路径的终点
    -from <路径起点列表>：需要计算延时的路径的起点
    -nworst <路径数>：报告的路径数（默认为 1，由延时余量最小的路径开始报起）
```

（2）获取面积信息报告（该命令对当前设计有效）的命令如下：

```
report_area
```

（3）获取功耗信息报告（该命令对当前设计有效）的命令如下：

```
report_power
```

18. SDF 反标命令

SDF 文件里面包含了一些器件的固有延迟、内部连线的延迟、端口延迟和时序确认信息、时序约束信息、脉宽控制信息等内容。VCS 读取 SDF 文件是延迟信息的一个反标过程。VCS 通过读取 SDF 文件里面的延迟值，从而改变原文件的默认延迟值（通常由原文件默认指定，如果原文件没有指定，就采用仿真工具默认指定的延迟值）。SDF 反标的命令如下：

```
Initial$sdf_annotate("filename.sdf", c1)
```

其中，filename.sdf 是 SDF 文件，c1 为测试文件中调用 filename 电路模块的实例化。

三、版图设计阶段常用命令

1. ICC 相关命令

ICC 有两种工作模式：命令行模式和图形界面模式。

（1）命令行模式的启动命令：icc_shell-64。

（2）图形界面的启动命令：使用 icc_shell-gui 或者在命令行模式下输入 start_gui。

（3）退出命令：在命令行模式下输入 quit 并回车（在图形界面下可单击关闭按钮）。

（4）man 命令：查看各种命令的用法，如：man derive_pg_connection。

2. 数据准备命令

版图设计的第一步就是要创建一个 Milkyway 库，同时在库里创建一个设计，并把需要的库文件和 Milkyway 库关联起来。

（1）创建库命令

```
create_mw_lib my_lib.mw  -open -tech my.tf -mw_reference_library my_reference_file
```

　　my_lib.mw：要创建的 Milkyway 库名。

　　my.tf：设计要采用的工艺文件。

　　my_reference_file：物理参考库的文件名。

（2）读入网表命令

```
read_verilog -top top_module_name my_design.v
```

（3）输入 tluplus RC 寄生参数库命令

　　set_tlu_plus_file 命令用于提供寄生计算文件 tlu_plus 文件。

（4）设置采用的时序约束文件命令

```
read_sdc constraints.sdc
```

（5）对门级网表中的 0 和 1 信号进行处理，并和电源地进行逻辑关联命令

```
derive_pg_connection -power_net PWR -ground_net GND-tie check_mv_design-power_nets
```

3. 设计规划相关命令

（1）约束 pad 的摆放位置命令

```
set_pad_physical_constraints -pad_name "cornerul" -side 1
//-side 参数可以选择 1、2、3 或 4，分别代表左、上、右、下四个方向
set_pad_physical_constraints -pad_name "i_opcode_2" -side 2 -order 1
//-pad_name 参数指定要约束的 pad 名
```

（2）insert filler 命令

插入填充 pad，用来填充 I/O 单元和 I/O 单元之间的间隙，主要是把扩散层连接起来以满足 DRC 规则和设计需要，并形成电源线和地线轨道（power rails）。示例如下：

```
insert_pad_filler -cell " PFILL001 PFIIL01 PFILL1 PFILL10 PFILL2 PFILL20 PFILL5 PFILL50"
```

4. 时钟树综合相关命令

（1）设置时钟综合目标（主要是设置时钟偏斜的目标）命令

```
set_clock_tree_options
```

（2）设置在时钟树综合过程中优先使用的 buffer

```
set_clock_tree_references
```

5. 布线相关命令

布线阶段主要是对标准单元的信号线的连接，在布图规划阶段给标准电源供电的网格已经生成，布局结束后标准单元上下两边都放在了网格上面。ICC 通过 route_opt 命令完成信号线布线和优化工作。

附录三

Linux 常用命令及说明

注：为方便查阅命令与实验操作，本附录按照字母顺序列出常用 Linux 命令。

1. c 字母起始命令

（1）cal 命令

cal（Calender）命令用来显示当前月份或者未来和过去任何年份中的月份。

```
~# cal
```

显示已经过去的月份，如 1835 年 2 月。

```
~# cal 02 1835
```

显示未来的月份，如 2145 年 7 月。

```
~# cal 07 2145
```

不需要往回调整日历，既不用复杂的数据计算出生在那天，也不用计算生日在哪天到来，因为它的最小单位是月，而不是日。

（2）cd 命令

经常使用的 cd 命令代表改变目录。它在终端中改变工作目录来执行复制、移动、读、写等操作。

```
~# cd /home/user/Desktop
~$ pwd
```

返回信息：

```
/home/user/Desktop
```

在终端中切换目录时，cd 命令将大显身手。"cd ~"会改变工作目录为用户的家目录，而且当用户发现自己在终端中迷失路径时，更是非常有用。"cd .."可以从当前工作目录切换到当前工作目录的父目录。

（3）chmod 命令

chmod 命令用于改变文件的模式位。chmod 会根据要求的模式来改变每个给定的文件、文件夹、脚本等的文件模式（权限）。

在文件（文件夹或者其他，为了简单起见，这是使用文件）中存在三种类型的权限。

- Read (r)=4
- Write (w)=2
- Execute (x)=1

如果想给文件只读权限，就设置为'4'；只写权限，就设置为'2'；只执行权限，就设置为 1；读写权限，就设置为 4+2 = 6，以此类推。

现在需要设置三种用户和用户组权限。首先是拥有者，然后是用户所在的组，最后是其他用户。

这里 root 的权限是 rwx（读写和执行权限），所属用户组权限是 r-x（只有读和执行权限，没有写权限），其他用户的权限是-x（只有执行权限）

为了改变它的权限，为拥有者、用户所在组和其他用户提供读、写、执行权限。

root@tecmint:~# chmod 777 abc.sh

三种都只有读写权限。

root@tecmint:~# chmod 666 abc.sh

拥有者用户有读写和执行权限，用户所在组和其他用户只有可执行权限。

> `root@tecmint:~# chmod 711 abc.sh`

对于系统管理员和用户来说，chmod 命令是最有用的命令之一。在多用户环境或者服务器上，对于某个用户，如果设置了文件不可访问，那么使用这个命令就可以解决；如果设置了错误的权限，那么也就提供了授权的访问。

（4）chown 命令

chown 命令可以改变文件拥有者和用户所在组。每个文件都属于一个用户组和一个用户。

chown 命令用来改变文件的所有权，即用来管理和提供文件的用户和用户组授权。

> `chown server:server Binary`

chown 命令为所给的文件改变用户和组的所有权到新的拥有者或者已经存在的用户和用户组。

（5）cp 命令

cp（copy）表示复制，即从一个地方复制一个文件到另外一个地方。

> `~# cp /home/user/Downloads abc.tar.gz /home/user/Desktop (Return 0 when sucess)`

cp 在 Shell 脚本中是最常用到的一个命令，而且它可以使用通配符（在前面有所描述）来定制所需的文件的复制。

例如：第 4 章中的 cells-lib 文件的复制命令：

> `"cp -rf /home1/student/lib/train/cpu-sim/lab7/cells-lib."`

lab6 的复制命令：

> `"cp /home1/student/lib/train/cpu-sim/lab6/*.* ."`

lab7 的复制命令:

```
"cp  -rf  /home1/student/lib/train/cpu-sim/lab7/*.*  ."
```

第 6 章版图部分的具体复制命令:

```
cp /home1/student/icc/rm_setup/*.tcl ~/icc/rm_setup
cp /home1/student/icc/scripts/*.tcl ~/icc/scripts
cp 综合的门级网表 control_pad.v  ~/icc/design_data
cp 逻辑综合的输出 control_pad.sdc ~/icc/design_data
```

2. l 字母起始命令

ls 命令是列出目录内容(List Directory Contents)的意思。运行它就是列出文件夹里的内容,可能是文件,也可能是文件夹。

"ls-l" 命令以详情模式(long listing fashion)列出文件夹的内容。

"ls-a" 命令会列出文件夹里的所有内容,包括以 "." 开头的隐藏文件。

在 Linux 中,以 "." 开头的文件就是隐藏文件,并且每个文件、文件夹、设备或者命令都是以文件对待的。

3. m 字母起始命令

(1)mkdir 命令

mkdir(make directory)命令在命名路径下创建新的目录。如果目录已经存在了,就会返回一个错误信息 "不能创建文件夹,文件夹已经存在了(cannot create folder, folder already exists)"。

目录只能在用户拥有写权限的目录下创建。

(2)mv 命令

mv 命令用于将一个地方的文件移动到另外一个地方去。

```
~# mv /home/user/Downloads abc.tar.gz /home/user/Desktop (Return 0 when sucess)
```

mv 命令可以使用通配符。但需谨慎使用,因为移动系统的或者未授权的文件不但会导致安全性问题,而且可能导致系统崩溃。

4. p 字母起始命令

pwd(print working directory)命令在终端中显示当前工作目录的全路径。

```
~# pwd
```

返回信息:

```
/home/user/Desktop
```

pwd 命令在脚本中并不会经常使用。但是对于新手,当连接到 Linux 很久后在终端中迷失了路径时,可以试着使用该命令。

5. s 字母起始命令

sudo（super user do）命令允许授权用户执行超级用户或者其他用户的命令。通过在 sudoers 列表的安全策略来指定。

sudo 命令允许用户借用超级用户的权限，而 su 命令实际上是允许用户以超级用户登录。所以 sudo 比 su 更安全。并不建议使用 sudo 或者 su 来处理日常用途，因为它可能导致严重的错误。

6. t 字母起始命令

tar 命令代表磁带归档（tape archive），创建一些文件的归档和对它们解压时很有用。

tar –zxvf abc.tar.gz (记住'z'代表了.tar.gz)

tar –jxvf abc.tar.bz2 (记住'j'代表了.tar.bz2)

tar –cvf archieve.tar.gz(.bz2) /path/to/folder/abc

"tar.gz"代表使用 gzip 归档，"bar.bz2"代表使用 bzip 压缩，它压缩的更好但是也更慢。

7. u 字母起始命令

uname 命令是 UNIX Name 的简写，用于显示机器名、操作系统和内核的详细信息。

uname 显示内核类别，uname –a 显示详细信息。

参考文献

[1] 李本俊，刘丽华，辛德禄. CMOS 集成电路原理与设计. 北京：北京邮电大学出版社，1997.

[2] 孟宪之. 可编程专用集成电路原理、设计和应用. 北京：电子工业出版社，1995.

[3] 吴运昌. 模拟集成电路原理与应用. 广州：华南理工大学出版社，1995.

[4] 侯伯亨，顾新. VHDL 硬件描述语言与数字逻辑电路设计. 西安：西安电子科技大学出版社，1997.

[5] 李玉山，来新泉，蔡固顺等. 电子设计硬件描述语言 VHDL（标准号 SJ20777–2000）.中国电子技术标准化所，2000.

[6] 朱恩，胡庆生. 专用集成电路设计[M]. 北京：电子工业出版社，2015.

[7] Viewlogic 公司. Introduction to Design for Testtability SUNRISE.

[8] 虞希清. 专用集成电路设计实用教程[M]. 杭州：浙江大学出版社，2007.

[9] Himanshu Bhatnagar. 高级 ASIC 芯片综合[M]. 北京：清华大学出版社，2007.

[10] JanM.Rabaey, AnanthaChandrakasan, BorivojeNikolic. 数字集成电路：电路系统与设计[M]. 北京：电子工业出版社，2010.

[11] Verilog 数字系统设计——RTL 综合、测试平台与验证（第二版）[M]. 北京：电子工业出版社，2007.

[12] 夏宇闻，Verilog 数字系统设计教程（第二版）[M]. 北京：北京航空航天大学出版社，2005.

[13] 王彬，任艳颖. 数字 IC 系统设计[M]. 西安：西安电子科技大学出版社，2005.

[14] 刘峰. 集成电路静态时序分析与建模[M]. 北京：机械工业出版社，2016.

[15] KeithBarr. ASIC 设计：混合信号集成电路设计指南[M]. 北京：科学出版社，2009.http://www.jb51.net/LINUXjishu/86250.html

[16] 计算机组成与体系结构性能设计[M]. 北京：机械工业出版社，2011.

[17] 计算机组成与设计：硬件、软件接口（第三版）[M]. 北京：机械工业出版社，2007.

[18] 英特尔软件学院教材编写组. 处理器架构[M]. 上海：上海交通大学出版社，2010.

[19] 计算机组成原理[M]. 北京：清华大学出版社，2008.

[20] 谢长生，徐睿. FPGA 在 ASIC 设计流程中的应用[J]. 微电子技术，2001, 29(6):50–52.

[21] 刘丽华，辛德禄，李本俊，专用集成电路设计方法[M]. 北京：北京邮电大学出版社，2000.

[22] 李广军，孟宪元. 可编程 ASIC 设计及应用[M]. 成都：电子科技大学出版社，2003.

[23] J· Bhasker, Verilog HDL 综合实用教程[M]. 北京：清华大学出版社，2004.

[24] IEEE Standard Verilog®Hardware Description Language, The Institute of Electrical and Electronics Engineers,Inc,2001.

[25] 邝颖杰. Linux 系统应用与开发教程[M]. 北京：人民邮电出版社,2010.

[26] 黄丽娜，陈忠盟，陈彩可. Linux 基础教程（第 3 版）[M]. 北京：清华大学出版社，2015.

[27] https://wenku.baidu.com/view/8867a3e21711cc7930b71609.html

[28] https://wenku.baidu.com/view/948739a0f111f18583d05ad0.html

[29] 陈春章，艾霞，王国维. 数字集成电路物理设计[M]. 北京：科学出版社，2008.

[30] https://wenku.baidu.com/view/24a95f0ff78a6529647d5353.html

[31] Synopsys. Design Compiler User Guide[J/OL]. http://www.docin.com/p-2066978163.html.

[32] Synopsys. Design Compiler Reference Manual[J/OL]. http://download.eeworld.com.cn/detail/%E7%A9%BA%E6%B0%94/25326

[33] Bhatnagar, Himanshu. Advanced ASIC Chip Synthesis: Using Synopsys' Design Compiler and PrimeTime[M]// Advanced ASIC Chip Synthesis Using Synopsys Design Compiler Physical Compiler and PrimeTime. Springer US, 2002.

[34] JanM.Rabaey, AnanthaChandrakasan, BorivojeNikolic. 数字集成电路：电路系统与设计[M]. 北京：电子工业出版社，2010.

[35] 蔡觉平，何小川，李逍楠. Verilog HDL 数字集成电路设计原理与应用[M]. 西安：西安电子科技大学出版社，2011.

[36] 巴尔. ASIC 设计[M]. 北京：科学出版社，2009.

[37] 何其. 时钟网格在 ASIC 设计中的应用[D]. 辽宁：大连理工大学；2011 年.

[38] Alan Hastings 著. 模拟电路版图艺术[M]. 王志功主译. 北京：清华大学出版社，2007.

[39] Christopher Saint, Judy Saint 著. 集成电路版图基础[M]. 北京：清华大学出版社，2004.

[40] Wayne Wolf 著. 现代 VLSI 电路设计——芯片系统设计（第三版）[M]. 北京：科学出版社，2003.

[41] IC Compiler Block–Level Implementation workshop, 2016 Version D–2016.03–SP2, June 2016.

[42] IC Compiler Design Planning User Guide[J/OL] Version L–2016.03–SP2

[43] https://solvnet.synopsys.com/dow_retrieve/O–018.09/dg/iccolh/Default.htm#iccdp/iccdp.htm?otSearchResultSrc=advSearch&otSearchResultNumber=4&otPageNum=1.

[44] IC Compiler Error Messages–MENU[J/OL] https://solvnet.synopsys.com/dow_retrieve/O– 2018.09/dg/manolh/Default.htm#manpages/iccn/MENU.htm?otSearchResultSrc=advSearch&otSearchResultNumber=1&otPageNum=1.